环境工程专业实验

——基础、综合与设计

孙　杰　　陈绍华　　叶恒朋　等　编著

U0227961

科 学 出 版 社

北 京

内 容 简 介

本书将环境工程学科理论知识同实验相结合，对现今广泛应用于环境污染控制的技术进行介绍。本书内容包括流体力学实验、环境工程原理实验、环境监测实验、水污染控制工程实验、大气污染控制工程实验、固体废弃物处理与处置实验、物理性污染控制工程实验、环境工程综合实验和环境工程设计实验等。以调整并注重基础型实验和综合型实验设置合理的比例结构，着重体现实验体系的基础性、实用性及创新性。

本书可作为高等院校环境工程专业的本科实验教材使用，同时也可为相关专业的实验技术人员提供参考。

图书在版编目（CIP）数据

环境工程专业实验：基础、综合与设计 / 孙杰等编著. —北京：科学出版社，2018.6

ISBN 978-7-03-057610-1

Ⅰ.①环… Ⅱ.①孙… Ⅲ.①环境工程—实验 Ⅳ.②X5-33

中国版本图书馆 CIP 数据核字（2018）第 115634 号

责任编辑：刘　畅／责任校对：孙寓明
责任印制：彭　超／封面设计：苏　波

科学出版社 出版

北京东黄城根北街 16 号
邮政编码：100717
http://www.sciencep.com

北京虎彩文化传播有限公司印刷

科学出版社发行　各地新华书店经销

*

开本：787×1092　1/16
2018 年 6 月第 一 版　印张：13 1/2
2018 年 6 月第一次印刷　字数：317 000

定价：49.00 元
（如有印装质量问题，我社负责调换）

前　言

　　环境工程专业是一门新兴工程专业,着重培养具有系统、扎实的基础理论、专业知识和实践能力,从事环境保护的高级工程技术人才。环境工程专业课教学是环境工程专业的重要教学内容,专业课教学由理论教学和实验教学两部分组成。环境工程专业实验在环境工程学科发展中占有重要的地位,是整个环境工程专业教学不可替代的环节。

　　本书的雏形是 2001 年中南民族大学环境工程教研室编写的实验讲义《环境工程专业实验指导》。经过近 20 年的发展,作者广泛吸收了国内外实验教材中的优点,结合自身的教学工作、科研工作和工程实践体会,进行不断地吸纳、融合和创新,最终编写成本书。编写过程中始终贯彻理论联系实际、注重实践环节、力求符合学生的认识规律及便于独立操作的原则。

　　本书 1~7 章为环境工程专业课程的基础实验,内容覆盖环境工程专业教学大纲,其重要性在于加强学生对工程现象的感性认识、验证所学理论、培养基本的实验技能和树立科学研究的严谨作风。同时,将教师的科研成果或新的研究方法和技术总结在第 8 章环境工程综合实验和第 9 章环境工程设计实验中,体现了很好的原创性,有助于培养学生的工程实践能力和创新能力。如杜冬云教授和孙杰教授主持的"硫酸和制药行业典型难处理废水的处理与综合利用"研究项目获得 2013 年国家环境保护科学技术二等奖,该研究成果部分转化为本书 8.2、8.3 和 8.4 节的内容。通过将科研成果转化为优质实验教学资源,彰显了本书特色。此外,设计型实验在内容设置方面给学生较大发挥度,在引导学生进行创新创业等第二课堂活动中也发挥了积极作用。

　　本书由中南民族大学环境工程专业教师共同编写,各部分具体编写人员有孙杰(1.1 到 1.13 节,8.3、8.4 节,9.2 和 9.3 节为孙杰和梁珈祥共同编写)、陈绍华(2.2 到 2.6 节,9.1 节)、汤迪勇(2.1 节,5.1 到 5.6 节,8.7 节)、丁耀彬(3.1 到 3.8 节)、吴桂萍(4.1 到 4.4 节)、孙杰(小)(4.5 到 4.15 节)、占伟(6.1 到 6.4 节,8.6 节)、李佳(6.5 节)、吴晨捷(7.1 到 7.3 节,9.4 节)、叶恒朋(8.1 节)、杜冬云(8.2 节)、吴来燕(8.5 节)、熊玲(9.5 节)。陈绍华、梁珈祥仔细阅读后做了大量的校对工作,孙杰对全书进行了策划和统稿。

　　本书亦是"湖北省普通高等学校战略性新兴（支柱）产业人才培养计划"——环境工程专业建设的教学研究成果。在编写过程中,得到了武汉大学侯浩波教授、杨小亭教授和美国加利福尼亚州立大学郭继汾教授的帮助和指导,在此表示感谢。

　　由于时间仓促,作者水平有限,书中的疏漏之处在所难免,恳请读者批评指正。

作　者

2017 年 12 月于南湖园

目　　录

第1章 流体力学实验

1.1 流线演示实验

【实验目的】

(1) 通过演示进一步了解流线的基本特征。

(2) 观察液体流经不同固体边界时的流动现象。

【实验原理】

流场中液体质点的运动状态,可以用迹线或流线来描述,迹线是一个液体质点在流动空间所走过的轨迹。流线是流场内反映瞬时流速方向的曲线,在同一时刻,处在流线上所有各点的液体质点的流速方向与该点的切线方向相重合,在恒定流中,流线和迹线互相重合。在流线仪中,用显示液(自来水、红色水),通过狭缝式流道组成流场,来显示液体质点的运动状态。整个流场内的"流线谱"可形象地描绘液流的流动趋势,当这些有色线经过各种形状的固体边界时,可以清晰地反映出流线的特征及性质。

【实验设备】

演示设备如图 1-1 所示,它们分别显示 2 种特定边界条件下的流动图像:图 1-1(a)可显示机翼绕流流场中流体的流动形态;图 1-1(b)可显示实用堰溢流的流动形态。

演示仪均由有机片制成狭缝式流道,其间夹有不同形状的固体边界。在演示仪的左上方有 2 个盛水盒,一个装自来水,一个装红色水,两盒的内壁各自交错开有等间距的小孔通往狭缝式流道,流道尾部装有泄水调节阀。

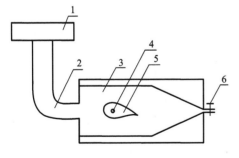
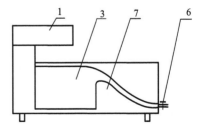

(a) 显示机翼绕流流场中流体的流动形态　　　　(b) 显示实用堰溢流的流动形态

图 1-1　演示仪简图

1.盛水盒;2.弯道;3.狭缝式流道;4.机翼角度调节开关;5.机翼;6.泄水调节阀;7.实用堰

【实验步骤】

(1) 首先打开演示仪尾部的泄水调节阀进行排气,待气排净后拧紧泄水调节阀,并将上方的 2 个盛水盒装满自来水。

(2) 将装有自来水的 2 个盛水盒其中的任一个滴少许红墨水搅拌均匀。

(3) 调节尾部泄水调节阀,可使显示液达到最佳的显示效果。

(4) 待整个流场的有色线(即流线)显示后,观察分析其流动情况及特征。

【思考题】

(1) 流线的形状与边界有没有关系?

(2) 流线的曲、直和疏、密各反映了什么?

1.2　能量方程演示实验

【实验目的】

(1) 观察恒定流情况下,有压管流所具有的位置势能(位置水头)、压强势能(压强水头)和动能(流速水头),以及在各种边界条件下能量守恒及转换的基本规律,加深对能量方程物理意义的理解。

(2) 观察测压管水头线和总水头线沿程变化的规律,以及水头损失现象。

(3) 观察管流中的真空现象及渐变流过水断面与急变流过水断面上的动水压强分布规律。

(4) 观察恒定总流连续性方程中速度与管径的变化关系。

【实验原理】

实际液体在有压管道中做恒定流动时,单位重量液体的能量方程如下:

$$z_1+\frac{p_1}{\rho g}+\frac{\alpha_1 v_1^2}{2g}=z_2+\frac{p_2}{\rho g}+\frac{\alpha_2 v_2^2}{2g}+h_w \tag{1-1}$$

式中:z 为位置势能;p 为流体中某点压强;v 为流点液体的流速;ρ 为流体密度;g 为重力加速度;h_w 为水头损失。式(1-1)表明:单位重量的液体在流动过程中所具有的各种机械能(单位位能、单位压力能和单位动能)是可以相互转化的。但由于实际液体存在黏性,运动的阻力要消耗一定的能量,也就是一部分机械能转化为热能而散逸,即为水头损失。因而各断面的机械能沿程减小。

在均匀流或渐变流过水断面上,其动水压强分布符合静水压强分布规律

$$z+\frac{p}{\rho g}=c \quad 或 \quad p=p_0+\rho g h \tag{1-2}$$

式中:c 为常量;h 为该点所在高度。但不同的过水断面上 c 值不同。

在急变流流段上,由于流线的曲率较大,每一质点处存在惯性力,表现为在这个流段中各过水断面上水流的压强分布不符合静水压强分布规律。

【实验设备】

如图 1-2 所示的能量方程演示仪为自循环的水流系统,在进水管段设有进水阀、转子流量计,演示段由直管、突然扩大管、文丘里管、突然缩小管、垂直弯管和水平弯管等有机管段连接而成,在管道上沿水流方向的若干过水断面的边壁上设有测压孔,在设置测压管的过水断面上同时装有单孔毕托管,用以测量该断面中心点的总水头。在管道的出口还设有尾阀。进水阀和尾阀用来调节和控制流量。

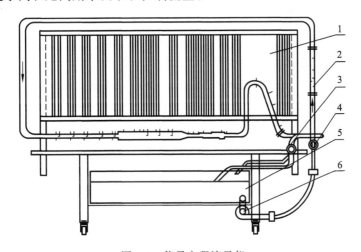

图 1-2　能量方程演示仪

1. 测压牌;2. 转子流量计;3. 尾阀;4. 进水阀;5. 水箱;6. 水泵

【实验步骤】

(1) 熟悉设备,分辨测压管和单孔毕托管。

(2) 接通电源。

(3) 缓缓打开进水阀,反复开关尾阀将管道及测压管中的空气排净。

(4) 调节进水阀,固定某一流量(以 $Q=1\,500$ L/h 左右为宜),待水流稳定后,根据能量方程观察管道各断面上单位重量水体的位能、压力能、动能和水头损失,并弄清能量守恒及位能、压力能和动能的相互转化。

(5) 观察测压管水头线和总水头线沿程变化的规律,并分析其原因。

(6) 观察管道中各种局部水力现象,如突然扩大和突然缩小情况下测压管水头的变化;渐变流过水断面上各点的测压管水头相等,而急变流过水断面上各点的测压管水头不相等;垂直弯管段上的真空现象等。

(7) 将尾阀开大或关小,观察各测压管水头线的变化。

（8）演示结束后，切断电源。关闭总进水阀。

【注意事项】

（1）阀门开启一定要缓慢，并注意测压管中水位的变化，不宜开启过猛，以免使测压管中的压力上升过快，造成不良后果。

（2）演示实验时，一定要将管道和测压管中的空气排净。

【思考题】

（1）如何确定管中某点的位置高度、压强强度、流速水头、测压管水头和总水头？

（2）总水头线和测压管水头线是否总是沿程下降？

（3）突然扩大和突然缩小段测压管水头线是否总是上升？

（4）文丘里管段上各断面的测压管水头变化说明了什么？

（5）垂直管段的位置水头和压强水头有什么关系？其最大真空值如何确定？

（6）弯管段凹凸边壁上的测压管水头有何差异？为什么？

1.3　静水压强量测实验

【实验目的】

（1）量测静水中任一点的压强。

（2）测定另一种液体的密度。

（3）掌握 U 形管和连通管的测压原理，培养运用等压面概念分析问题的能力。

【实验原理】

如图 1-3 所示，利用调压筒的升降来调节密封水箱内液体表面压强和液体内各点的压强。

根据在重力作用下不可压缩液体的静力压强基本方程

$$p = p_0 + \rho g h \tag{1-3}$$

可以求得相应各点处的静压强。其中 A 点、B 点高程有关常数见表 1-1。

A 点的绝对压强 p_A、相对压强 p'_A 为

$$p_A = p_a + \rho_{水} g (\nabla_7 - \nabla_A) \qquad p'_A = \rho_{水} g (\nabla_7 - \nabla_A) \tag{1-4}$$

式中：p_0 为密封箱中表面压强；p_a 为大气压强；∇ 为高程读数。

同理，B 点的绝对压强 p_B、相对压强 p'_B 为

$$p_B = p_a + \rho_{水} g (\nabla_6 - \nabla_B) \qquad p'_B = \rho_{水} g (\nabla_6 - \nabla_B) \tag{1-5}$$

密封容器液面上绝对压强 p_0、相对压强 p'_0 为

$$p_0 = p_a + \rho_{水} g (\nabla_6 - \nabla_5) \qquad p'_0 = \rho_{水} g (\nabla_6 - \nabla_5) \tag{1-6}$$

由于连通管和 U 形管反映着相同的压差,故有

$$p_0 - p_a = \rho_{水} g (\nabla_6 - \nabla_5) = \rho' g (\nabla_1 - \nabla_2) = \rho_{水} g (\nabla_3 - \nabla_4) \tag{1-7}$$

由此可以求得另一种液体的密度 ρ' 为

$$\rho' = \rho_{水} \frac{\nabla_6 - \nabla_5}{\nabla_1 - \nabla_2} = \rho_{水} \frac{\nabla_3 - \nabla_4}{\nabla_1 - \nabla_2} \tag{1-8}$$

当 $p_0 < p_a$ 时,水箱液体表面真空度用水柱高度表示为

$$\frac{p_a - p_0}{\rho g} = \nabla_5 - \nabla_6 = \nabla_5 - \nabla_7 \tag{1-9}$$

【实验设备】

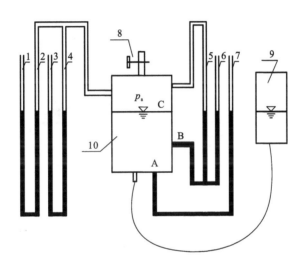

图 1-3　静水压强实验仪

1~7.测压管;8.通气阀门;9.调压筒;10.密封容器;

1~2.测压管注入油,3~4.测压管注入水,二者的液体不能混

【实验步骤】

(1) 打开通气孔,使密封水箱与大气相通,则密封箱中表面压强 p_0 等于大气压强 p_a。那么开口筒水面、密封箱水面及连通管水面均应齐平。

(2) 关闭通气阀门,将调压筒向上提升到一定高度。此时密封箱中表面压强 $p_0 > p_a$。等到水位稳定后,记录各测压管的液面标高于表 1-2 中。将调压筒继续提高,再做两次实验。

(3) 打开通气阀门,待液面稳定后再关闭通气孔(此时不要移动调压筒)。

(4) 将调压筒降至某一高度。此时密封箱中表面压强 $p_0 < p_a$。等到水位稳定后,记录各测压管的液面标高于表 1-2 中。将开口筒继续降低,再做两次实验。

(5) 将仪器恢复原状(将调压筒放到适当高度,打开通气阀门)。

【注意事项】

（1）首先检查密封箱是否漏气。

（2）调压筒向上提升时不宜过高，在升降调压筒后，一定要用手拧紧固定螺丝，以免调压筒向下滑动。

【数据处理】

表 1-1　有关常数

高程读数	实验台 1	实验台 2	实验台 3
∇_A/cm	14.2	14.2	14.1
∇_B/cm	26.1	25.9	25.8

表 1-2　量测记录表格　　　　　　（单位：cm）

工况	测次	测压管液面高程读数						
		∇_1	∇_2	∇_3	∇_4	∇_5	∇_6	∇_7
$p_0>p_a$	1							
	2							
	3							
$p_0<p_a$	1							
	2							
	3							

表 1-3　计算结果

工况	测次	p'_0/(N/cm²)	p'_A/(N/cm²)	p'_B/(N/cm²)	$\rho_油$/(kg/cm³)
$p_0>p_a$	1				
	2				
	3				
$p_0<p_a$	1				
	2				
	3				

【思考题】

（1）第 5、6、7 号管和第 2、4 号管，可否取等压面？为什么？

（2）第 2、4、7 号管和第 6、7 号管中的液面，是不是等压面？为什么？

1.4 动量方程实验

【实验目的】

（1）测定管嘴喷射水流对平板或曲面板所施加的冲击力。

（2）将测出的冲击力与用动量方程计算出的冲击力进行比较,加深对动量方程的理解。

【实验原理】

如图 1-4 所示,应用力矩平衡原理,求射流对平板和曲面板的冲击力。

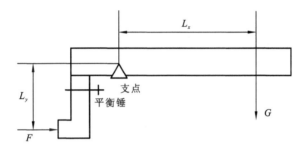

图 1-4 力矩平衡原理图

力矩平衡方程

$$FL_y = GL_x, \quad F = \frac{GL_x}{L_y} \tag{1-10}$$

式中:F 为射流作用力;L_y 为作用力力臂;G 为砝码重量;L_x 为砝码力臂。

恒定总流的动量方程为

$$\sum F = \rho Q(\alpha_2' \boldsymbol{V}_2 - \alpha_1' \boldsymbol{V}_1) \tag{1-11}$$

若令 $\alpha_2' = \alpha_1' = 1$,且只考虑其中水平方向作用力,则可求得射流对平板或曲面板的作用力公式为

$$F = \rho QV(1 - \cos\alpha) \tag{1-12}$$

式中:Q 为管嘴的流量;V 为管嘴流速;α 为射流射向平板或曲面板后的偏转角度。

（1）$\alpha = 90°$ 时,$\cos 90° = 0$,$F_{\Psi} = \rho QV$;

（2）$\alpha = 135°$ 时,$F = \rho QV(1 - \cos 135°) = 1.707\rho QV = 1.707 F_{\Psi}$;

（3）$\alpha = 180°$ 时,$F = \rho QV(1 - \cos 180°) = 2\rho QV = 2F_{\Psi}$。

（1）～（3）中:ρ 为水的密度;Q 为流量;V 为喷嘴出口断面的平均流速;F_{Ψ} 为水流对平板的冲击力。

【实验设备】

实验设备及各部分名称见图 1-5,实验中配有 $\alpha = 90°$ 的平面板一块和 $\alpha = 135°$ 及 $\alpha =$

180°的曲面板各一块,50g 的砝码一个。

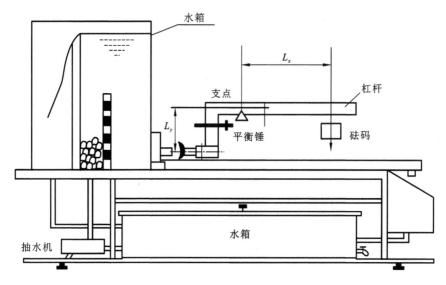

图 1-5　动量方程实验仪

【实验步骤】

(1) 记录管嘴直径和作用力力臂。

(2) 安装平面板,调节平衡锤位置,使杠杆处于水平状态(杠杆支点上的气泡居中)。

(3) 启动抽水机,使水箱充水并保持溢流。此时水流从管嘴射出,冲击平板中心,标尺倾斜。然后调节砝码位置,使杠杆处于水平状态,达到力矩平衡。记录砝码质量和力臂 L_x,计算实测冲击力 $F_{实}$,填入表 1-4。

(4) 用体积法测量流量 Q,用以计算理论冲击力 $F_{理}$。

(5) 将平面板更换为曲面板($\alpha = 135°$ 及 $\alpha = 180°$),测量水流对曲面板的冲击力并重新测量流量。

(6) 关闭抽水机,排空水箱,取下砝码,结束实验。

【注意事项】

(1) 量测流量后,量筒内的水必须倒进接水器,以保证水箱循环水充足。

(2) 体积法测流量时,计时与量筒接水一定要同步进行,以减小流量的量测误差。

(3) 测流量一般测两次取平均值,以消除误差。

【数据处理】

(1) 有关常数:管嘴直径 $d =$ _____ cm,作用力力臂 $L_y =$ _____ cm,实验装置台号:_____。

(2) 数据记录及计算。

表 1-4　记录及计算

测次	体积 W /cm^3	时间 /s	流量 /(cm^3/s)	平均流量 /(cm^3/s)	流速 /(cm/s)	冲击板角度 α /(°)	砝码重量 G/g	作用力力臂 L_x/cm	实测冲击力 $F_实$/N	理论计算冲击力 $F_理$/N	相对误差 /%
1											
2											
3											
4											
5											
6											

（3）结果分析：将实测的水流对挡板的冲击力与由动量方程计算出的水流对挡板的冲击力进行比较，计算出其相对误差，并分析产生误差的原因。

【思考题】

（1）$F_实$ 与 $F_理$ 有差异，除实验误差外还有什么原因？

（2）实验中，平衡锤产生的力矩没有加以考虑，为什么？

1.5　文丘里流量计及孔板流量计实验

【实验目的】

（1）了解文丘里流量计和孔板流量计的原理及其实验装置。

（2）绘出压差与流量的关系曲线，确定文丘里流量计和孔板流量计的流量系数 μ 值。

【实验原理】

文丘里流量计是在管道中常用的流量计，它包括收缩段、喉管、扩散段三部分。由于喉管过水断面的收缩，该断面水流动能加大，势能减小，造成收缩段前后断面压强不同而产生势能差，此势能差可由压差计测得。实验设备如图 1-6 所示。

孔板流量计原理与文丘里流量计相同，根据能量方程及等压面原理可得出不计阻力作用时的文丘里流量计（孔板流量计）的流量计算公式如下：

$$Q_理 = K\sqrt{\Delta h} \tag{1-13}$$

式中
$$K = \frac{\pi}{4}\frac{D^2 d^2}{\sqrt{D^4-d^4}}\sqrt{2g} \tag{1-14}$$

$$\Delta h = \left(z_1+\frac{p_1}{\rho g}\right)-\left(z_2+\frac{p_2}{\rho g}\right) \tag{1-15}$$

对于文丘里流量计：$\Delta h_文 = h_1-h_2$；对于孔板流量计，由等压面原理可得：$\Delta h_孔 =(h_3-h_4)+(h_5-h_6)$。其中：$d$ 为收缩段直径；D 为扩散段直径；h_1 为流场中点 1 的高度；h_2 为流场中点

2 的高度;z_1 为点 1 铅垂高度;z_2 为点 2 铅垂高度;p_1 为点 1 处压强;p_2 为点 2 处压强。

根据实验室设备条件,管道的实测流量 $Q_实$ 由体积法测出。

在实际液体中,由于阻力的存在,水流通过文丘里流量计时有能量损失,故实际通过的流量 $Q_实$ 一般比 $Q_理$ 稍小,因此在实际应用时,式(1-13)应予以修正,实测流量与理论流量情况下的流量之比称为流量系数,即

$$\mu = \frac{Q_实}{Q_理} \tag{1-16}$$

故
$$Q_实 = \mu K \sqrt{\Delta h}$$

【实验设备】

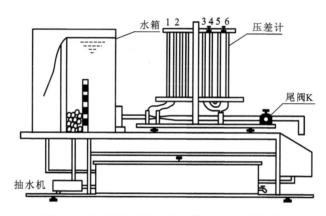

图 1-6 文丘里孔板流量实验仪(1~6 为测压管)

【实验步骤】

(1) 熟悉仪器,记录管道直径 D 和 d。

(2) 启动抽水机,使水箱充水,并使其保持溢流,水位恒定。

(3) 检查尾阀 K,压差计液面是否齐平,若不平,则需排气调平。

(4) 调节尾阀 K,依次增大流量和依次减小流量,量测各次流量相应的压差值,填入表 1-5。共做 10 次,用体积法测量流量。

【注意事项】

(1) 改变流量时,需待开关改变后,水流稳定至少 3~5 min,方可记录。

(2) 当管内流量较大时,测压管内水面会有波动现象,应读取波动水面的最高与最低读数的平均值作为该次读数。

【数据处理】

(1) 有关常数:圆管直径 $D =$ _____ cm,圆管直径 $d_1 =$ _____ cm,孔板直径 $d_2 =$ _____ cm,实验装置台号:_____。

(2) 数据记录及计算。

表 1-5　记录及计算

测次	体积 W /cm³	时间 /s	流量 /(cm³/s)	高程读数 ∇_1/cm	高程读数 ∇_2/cm	高程读数 ∇_3/cm	高程读数 ∇_4/cm	高程读数 ∇_5/cm	高程读数 ∇_6/cm	$\Delta h_文$	$\Delta h_孔$	$\mu_文$	$\mu_孔$
1													
2													
3													
4													
5													
6													
7													
8													

　　(3) 结果分析:绘制 Q-Δh 关系曲线。在坐标纸上,以 Δh 为横坐标,Q 为纵坐标,分别点绘文丘里流量计和孔板流量计的 Q-Δh 曲线。根据实测的值,计算文丘里流量计与孔板流量计的流量系数,并分析文丘里流量计与孔板流量计的流量系数不相同的原因。

【思考题】

　　(1) 若文丘里流量计倾斜放置,测压管水头差是否变化? 为什么?

　　(2) 收缩断面前与收缩断面后相比,哪一个压强大? 为什么?

　　(3) 孔板流量计的测压管水头差为什么是$(h_3-h_4)+(h_5-h_6)$?

　　(4) 实测的流量系数 μ 值是大于 1 还是小于 1?

　　(5) 每次测出的流量系数 μ 值是否为常数? 若不是则与哪些因数有关?

1.6　流速量测(毕托管)实验

【实验目的】

　　(1) 掌握基本的测速工具(毕托管)的性能和使用方法。

　　(2) 加深对明槽水流流速分布的认识。

【实验原理】

　　毕托管是由两根同心圆组成的管体和 A、B 两个引管所组成。引管 A 与毕托管头部顶端小孔相连,引管 B 与距离毕托管头部顶端 $3d$ 的断面上的环形孔相通。A、B 引管与比压计相连。由于环形孔与毕托管管体的表面垂直,因此它所测得的是不含水流动能的总势能

$$E_p = z + \frac{p}{\rho g} \tag{1-17}$$

而引管 A 连接的顶端小孔由于正对流向,此处为水流的驻点,它所测得的是包括水流动能在内的总机械能

$$E = z + \frac{p}{\rho g} + \frac{u^2}{2g} \tag{1-18}$$

当比压计测压牌垂直放置时,测压牌上所反映的两测压管液面差

$$\Delta h = \left(z + \frac{p}{\rho g} + \frac{u^2}{2g} \right) - \left(z + \frac{p}{\rho g} \right) = \frac{u^2}{2g} \tag{1-19}$$

即为测点的流速水头。

为了提高量测的精度,将测压牌倾斜 α 角,为便于计算,常取 $\alpha = 30°$。若两测压管液面之间的读数差为 ΔL,则有 $\Delta h = \Delta L \sin\alpha$,从而可以求得测点的流速表达式为

$$u = C\sqrt{2g\Delta h} = C\sqrt{2g\Delta L \sin\alpha} \tag{1-20}$$

式中:C 为流速修正系数,对不同结构的毕托管,其值由实验测定。

本实验使用的毕托管,$C = 0.999$。

【实验设备】

毕托管、比压计及水槽简图如图 1-7 所示。

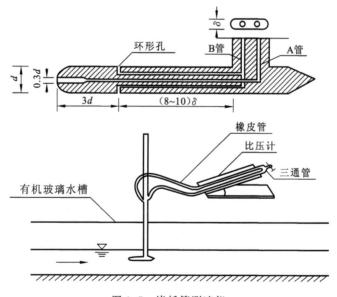

图 1-7　毕托管测速仪

【实验步骤】

(1) 接通抽水机的电源。

(2) 在断面垂线上布置 6 个测点。毕托管最高点宜在水面以下 2 cm,最低点为毕托管的半径(0.4 cm),其余各点可均匀分布其中。

（3）按所布置的测点位置逐步进行测量。例如:把毕托管先放到槽底,稍待稳定后,再测读比压计上的读数∇_A、∇_B,这就完成了第 1 个测点的工作。然后将毕托管依次提升,直至水面以下 2 cm 那一点为止。

【注意事项】

（1）测速之前,首先要对毕托管、比压计进行排气。排气方法:将毕托管置于防气盒中,从比压计三通管注入有一定压力的水流,使水和空气由毕托管喷出,冲水约 3 min。撤去压力水后打开三通管,在大气压强作用下比压计测管中的水面下降,待降到便于测读的位置时,用止水夹夹紧三通管。待静止稳定后比压计两测压管中的水面应该齐平,否则要稍作整平或重新冲水排气,直至两管水面齐平后将毕托管连同防气盒一起置于水流中,再去掉防水盒方可进行测速工作。

（2）实验过程中,为防止进气,毕托管不得露出水面。实验结束后,将毕托管放入防气盒静水中,检查是否进气,若比压计两测压管的水面不平,说明所测数据有误差,应重新冲水排气,重新进行测量。

（3）毕托管管体必须正对流向。

（4）测读时,视线应垂直于比压计的倾斜面,读取弯液面的最低点读数,当测管中的水面上下波动时,读取平均值。

【数据处理】

（1）已知数据:水槽宽度 $B=5$ cm,毕托管直径 $d=0.8$ cm,比压计倾斜角 $\alpha=30°$,重力加速度 $g=980$ cm/s²。

（2）测量数据并计算。

表 1-6　实测数据与计算

测点编号	毕托管测杆读数/cm	测点到槽底高度/cm	斜比压计读数		$\Delta L=\nabla_A-\nabla_B$ /cm	$\Delta h=\Delta L\sin\alpha$ /cm	测点流速 u/(cm/s)	垂线平均流速 $\bar{u}$/(cm/s)
			∇_A/cm	∇_B/cm				
1								
2								
3								
4								
5								
水面								

【思考题】

（1）毕托管、比压计排气不净,为什么会影响量测精度?

（2）为什么必须将毕托管正对来流方向?如何判断毕托管是否正对流向?

（3）比压计安放位置的高低,是否影响量测数据?为什么?

1.7　孔口管嘴综合实验

【实验目的】

（1）观察孔口和管嘴出流时的流动现象与圆柱形管嘴的局部真空现象。

（2）测定计算各孔口与管嘴的流速系数 φ、流量系数 μ、局部阻力系数 ζ 以及薄壁孔口的断面收缩系数 ε。

（3）测定圆柱形外管嘴真空值。

【实验原理】

观察孔口管嘴实验仪(图 1-8)，$d/H<0.1$ 的小孔口完全收缩出流时，在离孔口约 $d/2$ 断面处，水流断面收缩到最小，该收缩断面面积与孔口断面面积的比值称为收缩系数，用 ε 表示。薄壁孔口的 ε 值最小。

管嘴出流，圆柱管嘴在管嘴内收缩形成真空区。

在恒定流条件下，应用能量方程可得孔口与管嘴自由出流公式如下：

孔口：
$$Q=\varphi\varepsilon A\sqrt{2gH_0}=\mu A\sqrt{2gH_0} \tag{1-21}$$

管嘴：
$$Q=\mu A\sqrt{2gH_0} \tag{1-22}$$

式中：$\mu=\dfrac{Q}{A\sqrt{2gH_0}}$；$\varepsilon=\dfrac{A_c}{A}=\dfrac{d_c^2}{d^2}$；$\varphi=\dfrac{\mu}{\varepsilon}=\dfrac{1}{\sqrt{1+\zeta}}$；$\zeta=\dfrac{1}{\varphi^2}-1$；$A$ 为孔口断面面积；d 为孔口断面直径；A_c 为收缩断面面积；d_c 为收缩断面直径；H_0 为作用水头。

【实验设备】

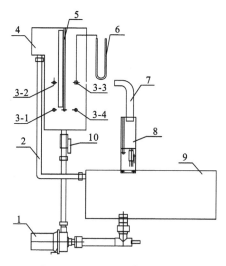

图 1-8　孔口管嘴实验仪示意图

1.水泵；2.溢流管；3-1.薄壁孔口；3-2.流线管嘴；3-3.圆柱管嘴；3-4.圆边孔口；
4.供水箱；5.水位测压管；6.真空测压管；7.接水器；8.量水箱；9.存水箱；10.进水阀

【实验步骤】

(1) 打开电源开关,缓慢开大进水阀门,当有溢流后,保持少量溢流,观察水位测压管与真空测压管是否在同一水平位置,若不在同一水平位置说明管内气体未排净,用吸耳球排出气体。

(2) 打开圆柱管嘴塞子,保持少量溢流,关闭量水箱阀门,调节初水位 h_1 到 2 cm 处,将接水器置于管嘴出口处,同时按秒表,当水位达到 20 cm 左右时,将接水器快速移离管嘴同时按下秒表,然后记录秒表读数、量水箱水位读数、真空测压管读数并记录,重复以上动作并记录,填入表 1-8。然后关闭圆柱管嘴。

(3) 打开流线管嘴塞子,保持少量溢流,关闭量水箱阀门,调节初水位 h_1 到 2 cm 处,将接水器置于管嘴出口处,同时按秒表,当水位达到 20 cm 左右时,将接水器快速移离管嘴同时按下秒表,然后记录秒表读数、量水箱水位读数,重复以上动作并记录,填入表 1-8。然后打开圆柱管嘴,观察两种管嘴的流动。最后关闭所有管嘴。

(4) 打开圆边孔口塞子,保持少量溢流,关闭量水箱阀门,调节初水位 h_1 到 2 cm 处,将接水器置于孔口出口处,同时按秒表,当水位达到 20 cm 左右时,将接水器快速移离孔口同时按下秒表,然后记录秒表读数、量水箱水位读数,重复以上动作并做记录,填入表 1-8。然后关闭圆边孔口。

(5) 打开薄壁孔口塞子,保持少量溢流,关闭量水箱阀门,调节初水位 h_1 到 2 cm 处,将接水器置于孔口出口处,同时按秒表,当水位达到 20 cm 左右时,将接水器快速移离管嘴同时按下秒表,然后记录秒表读数、量水箱水位读数,重复以上动作并做记录,填入表 1-8。量距孔口 5 mm 处的收缩直径。然后打开圆边孔口塞子,观察两种孔口的流动。最后关闭所有孔口。

【注意事项】

(1) 实验时必须在水流稳定时方可进行。
(2) 量测收缩断面直径时,要仔细,卡尺既不能阻碍水流又不能离开水流。
(3) 爱护秒表、孔口及管嘴等设备。
(4) 本实验出水流量不稳定,需测三次取平均值。
(5) 实验结束后,关闭电源开关,拔掉电源插头。

【数据处理】

(1) 有关常数值,如表 1-7,量水箱底面积的标定值 $F = 388 \text{ cm}^2$。

表 1-7　仪器基本信息

类型	薄壁孔口	圆边孔口	圆柱管嘴	流线管嘴
直径 d/mm	10	10	10	10

实验台编号:_____。

(2) 测量记录与计算。

表 1-8　实测数据与计算

类型	水位高 H_1/cm	孔口（管嘴）位置 H_2/cm	作用水头 H/cm	初水位 h_1/cm	末水位 h_2/cm	量水时间 t/s	收缩断面直径 d_c/cm	压差计读数	
								∇_1/cm	∇_2/cm
圆柱管嘴							—		
流线管嘴							—	—	
圆边孔口							—	—	
薄壁孔口								—	

（3）计算各系数，填入表 1-9。

表 1-9　各系数计算

类型	流量 /(cm³/s)	收缩断面面积 A_c/cm²	收缩系数 ε	流量系数 μ	流速系数 φ	局部阻力系数 ζ	压差 $(\nabla_1-\nabla_2)$/cm	真空值	
								$H_{v实测}$/cm	$H_{v理论}$/cm
圆柱管嘴		—	—			—			
流线管嘴		—	—				—	—	
圆边孔口		—	—				—	—	
薄壁孔口							—	—	

【思考题】

为什么同样直径与同样水头条件下，管嘴的流量系数 μ 值比孔口的大？

1.8　管道局部水头损失实验

【实验目的】

（1）掌握测定管道局部水头损失系数 ζ 的方法。

（2）将管道局部水头损失系数的实测值与理论值进行比较。

（3）观察管径突然扩大时旋涡区测压管水头线的变化情况和水流情况，以及其他各种边界突变情况下的测压管水头线的变化情况。

【实验原理】

由于边界形状的急剧改变,水流将与边界发生分离并出现旋涡,同时水流流速分布发生变化,因而将消耗一部分机械能。由边界形状的急剧改变所消耗的部分机械能,以单位重量液体的平均能量损失来表示,即为局部水头损失(忽略沿程水头损失)。

边界形状的差异可由过水断面的突然扩大或突然缩小、弯道及管路上安装的阀门及节流管件等引起。

局部水头损失常用流速水头与一系数的乘积表示:

$$h_j = \zeta \frac{v^2}{2g} \tag{1-23}$$

式中:ζ 为局部水头损失系数。系数 ζ 是流动形态与边界形状的函数,即 $\zeta = f(Re,$ 边界形状)。一般水流 Re(雷诺数)足够大时,可认为系数 ζ 不再随 Re 的改变而变化,可看作常数。

目前仅有管道突然扩大的局部水头损失系数可采用理论分析,得出足够精确的结果。其他情况则需要用实验方法测定 ζ 值。突然扩大的过水断面局部水头损失可应用动量方程、能量方程及连续性方程联合求解,得到如下公式:

$$h_j = \zeta_1 \frac{v_1^2}{2g}, \quad \zeta_1 = \left(1 - \frac{A_1}{A_2}\right)^2 \tag{1-24}$$

或

$$h_j = \zeta_2 \frac{v_2^2}{2g}, \quad \zeta_2 = \left(\frac{A_2}{A_1} - 1\right)^2 \tag{1-25}$$

式中:A_1 和 v_1 分别为突然扩大上游管段的断面面积和平均流速;A_2 和 v_2 分别为突然扩大下游管段的断面面积和平均流速,其中 $A_1 < A_2$。

对于 90°圆弧弯管、180°圆弧弯管和 90°直角弯管,由于管道直径未发生变化,因而速度不发生改变,由测压管中读出:$h_j = \left(z_1 + \dfrac{p_1}{\rho g}\right) - \left(z_2 + \dfrac{p_2}{\rho g}\right)$,从而,$\zeta = h_j \dfrac{2g}{v^2}$。分别计算出上述 3 种情况下的局部水头损失系数。

【实验设备】

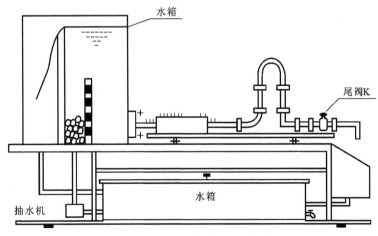

图 1-9　局部水头损失实验仪

【实验步骤】

（1）熟悉仪器（图 1-9），记录管道直径 D 和 d。

（2）检查各测压管的橡皮管接头是否漏水。

（3）启动抽水机，使水箱充水，并保持溢流，使水位恒定。

（4）检查尾阀 K 全关时测压管的液面是否齐平，若不平，则需排气调平。

（5）慢慢打开尾阀 K，调出在测压管量程范围内较大的流量，待流动稳定后，记录各测压管液面标高；用体积法测量管道流量。

（6）调节尾阀 K 改变流量，重复测量 6 次。

【注意事项】

（1）实验数据必须在水流稳定后方可进行记录。

（2）计算过水断面突然扩大的局部水头损失系数时，应注意选择相应的流速水头；所选择的量测断面应选在渐变流段上，尤其下游断面应选在旋涡区的末端，即主流恢复并充满全管的断面上。

【数据处理】

（1）有关常数：大管道直径 $D=$ _____ cm，小管道直径 $d=$ _____ cm，实验台编号：_____。

（2）管道突然扩大局部水头损失系数的记录及计算，填入表 1-10。

（3）结果分析：将实测的局部水头损失系数与理论计算值进行比较，试分析产生误差原因。

（4）分别比较 90°圆弧弯管、180°圆弧弯管和 90°直角弯管情况下的局部水头损失系数。

表 1-10　实验参数记录及计算

	测次	1	2	3	4	5	6
	体积 w/cm^3						
	时间 T/s						
	流量 $Q/(\text{cm}^3/\text{s})$						
	流速 $v_1/(\text{cm/s})$						
	流速 $v_2/(\text{cm/s})$						
突然扩大管道	测压管水头 h_1/cm						
	测压管水头 h_2/cm						
	流速水头 $H_1/\text{cm}(=v_1^2/2g)$						
	流速水头 $H_2/\text{cm}(=v_2^2/2g)$						
	实测的损失 h_j/cm						
	实测的损失系数 $\zeta_{1实测}$						
	理论计算的损失系数 $\zeta_{1理}$						
	实测的损失系数平均值 $\zeta_{1测}$						

续表

	测次	1	2	3	4	5	6
突然缩小管道	测压管水头 h_1/cm						
	测压管水头 h_2/cm						
	流速水头 H_1/cm($=v_1^2/2g$)						
	流速水头 H_2/cm($=v_2^2/2g$)						
	实测的损失 h_j/cm						
	实测的损失系数 $\zeta_{1实测}$						
	实测的损失系数平均值 $\bar{\zeta}_{1测}$						
90°圆弧弯管	测压管水头 h_1/cm						
	测压管水头 h_2/cm						
	实测的损失 h_j/cm						
	实测的损失系数 $\zeta_{实测}$						
	实测的损失系数平均值 $\bar{\zeta}_{测}$						
180°圆弧弯管	测压管水头 h_1/cm						
	测压管水头 h_2/cm						
	实测的损失 h_j/cm						
	实测的损失系数 $\zeta_{实测}$						
	实测的损失系数平均值 $\bar{\zeta}_{测}$						
90°直角弯管	测压管水头 h_1/cm						
	测压管水头 h_2/cm						
	实测的损失 h_j/cm						
	实测的损失系数 $\zeta_{实测}$						
	实测的损失系数平均值 $\bar{\zeta}_{测}$						

【思考题】

(1) 试分析实测 h_j 与理论计算 h_j 有什么不同？原因何在？

(2) 在不忽略管段的沿程水头损失 h_f 的情况下，所测出的 ζ 测值与实际的 ζ 值相比，$\zeta_{实测}$ 是偏大还是偏小？在使用此值时是否可靠？

(3) 当三段管道串联时，如实验装置所示，相应于同一流量情况下，其突然扩大的 ζ 值是否一定大于突然缩小的 ζ 值？

(4) 不同 Re 时，局部水头损失系数 ζ 值是否相同？通常 ζ 值是否为一常数？

1.9　管流流态(雷诺)和沿程阻力实验

【实验目的】

(1) 测定沿程水头损失与断面平均流速的关系,并确定临界雷诺数。

(2) 加深对不同流态的阻力损失规律的认识。

(3) 测定沿程阻力系数 λ 随雷诺数 Re 的变化规律。

【实验原理】

1. 计算沿程水头损失

实验设备如图 1-10 所示,列量测段 1-1 与 2-2 断面的能量方程:

$$z_1 + \frac{p_1}{\rho g} + \frac{\alpha_1 v_1^2}{2g} = z_2 + \frac{p_2}{\rho g} + \frac{\alpha_2 v_2^2}{2g} + h_w \qquad (1-26)$$

由于是等直径管道恒定均匀流,所以 $v_1 = v_2$, $\alpha_1 = \alpha_2$, $h_w = h_f$,即沿程水头损失等于量测段的测压管水头差

$$h_f = \left(z_1 + \frac{p_1}{\rho g}\right) - \left(z_2 + \frac{p_2}{\rho g}\right) \qquad (1-27)$$

将断面 1-1 与断面 2-2 的测压管接至斜比压计上,其倾斜角为 α,令斜比压计测压牌的读数为 ∇_1 及 ∇_2,则 $h_f = (\nabla_1 - \nabla_2)\sin\alpha$。

由沿程水头损失的计算公式:$h_f = \lambda \dfrac{l}{d} \dfrac{v^2}{2g}$ 得:$\lambda = \dfrac{2gdh_f}{lv^2}$,可计算出沿程阻力系数 l。

2. 用体积法测定流量

利用量筒与秒表,得到量筒盛水的时间 T 及 T 时段内盛水的体积 W。则流量 $Q = \dfrac{W}{T}$,相应的断面平均流速 $v = \dfrac{Q}{A}$,其中 A 为管道过水断面面积。

3. 计算运动黏滞性系数

量测水温,用下式计算运动黏滞性系数

$$\nu = \frac{0.017\,75}{1 + 0.033\,7t + 0.000\,221t^2}(\text{cm}^2/\text{s}) \qquad (1-28)$$

式中:t 为水温,℃。

4. 计算雷诺数

根据已知的管径 d 和实测得到的断面平均流速 v 以及水的运动黏滞性系数 ν 则可得到相应于不同流速时的雷诺数

$$Re = \frac{vd}{\nu} \qquad (1-29)$$

【仪器设备】

实验设备如图 1-10 所示。另备量筒 1 个、秒表 1 只、温度计 1 只。

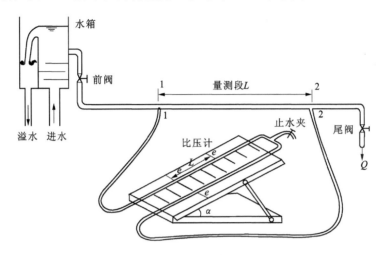

图 1-10　雷诺实验仪(局部)

【实验步骤】

(1) 启动抽水机,向高位水箱充水,并使高位水箱稍有溢水。再全开管道上的尾阀,以冲洗管道。

(2) 关闭尾阀,松开比压计上端三通管止水夹进行排气。待管道和测压管内的气体排净后,用洗耳球经三通管顶端向比压计注入空气,使两侧管水面降至测压牌中部便于测读处,再用止水夹夹紧三通管顶端,以防止空气外泄。检查两侧管中水面是否齐平;若不平,则应进行调整或重新排气。

(3) 从紊流做到层流。将尾阀打到一定的开度(斜比压计上测压管液面的读数差约为 10 cm),开始实验,待水流稳定后,测读 ∇_1、∇_2、W、T 便完成了第一个测次。并立即计算出 Q、v 和 Re,然后逐次关小尾阀,重复上述操作与测读,一直做到管道出流几乎成滴淋状,此时斜比压计上测压管液面的读数差约为 1 mm,则完成了从紊流到层流的全部实验过程。

(4) 再从层流做到紊流,逐次开大尾阀,按上述操作逐次测读(若时间有限,可不做此步骤)。

(5) 实验过程中,每半小时量测一次水温,用水温平均值计算运动黏滞性系数 ν。

(6) 对实测数据进行分析计算。在坐标纸上以 $\lg h_{\mathrm{f}}$ 为纵坐标,$\lg v$ 为横坐标(注意纵横坐标最好为 1∶1),点绘 $\lg h_{\mathrm{f}}$-$\lg v$ 相关实验数据及曲线;标出层流区和紊流区数据点的趋势线。根据定义,从紊流做到层流时,该趋势线与层流区直线的交点即为下临界流速点,以此计算出下临界流速值 v_{c} 和临界雷诺数 Re_{c} 的值。

【注意事项】

管流流态实验(亦称雷诺实验)的技术性比较强,必须精心操作,才能取得反映真实情况的成果。

(1)实验过程中尾阀只能朝一个方向关小或开大,不能弄错关与开的顺序。尾阀顺时针旋转为关小,逆时针旋转为开大。

(2)应尽可能减少外界对水流的干扰,在实验过程中,要保持环境安静,不要碰撞管道、与管道有联系的器件及桌子,要仔细轻巧地操作,尾阀开度的改变对水流也是一个干扰,因而操作阀门时要轻微缓慢。

(3)尾阀开度的变化不宜过大。当流速较大时,斜比压计上的读数差每次改变在 3～4 cm 为宜。当接近过渡区 $Re_c = (2\,800～3\,000)$,即斜比压计上读数差约为 5～6 cm 以后,每次调节反映在斜比压计上的读数差改变应控制在 3～5 mm。一个单程的量测(从紊流到层流,或从层流到紊流),应做 15～20 个测次,记录数据填入表 1-11,预计全部实测的雷诺数约在 500～8 000,但在雷诺数小于 2 500 时约需 10 个测次才能保证实验成果比较完满。此时调节尾阀应特别细心。

(4)每调节一次尾阀,必须等待 3 min,使水流稳定后,方可进行测量。

(5)用体积法测流量时,量水时间越长,则流量越精确,尤其在小流量时,应该注意尽量有较长的量水时间。

(6)量测水温时,要把温度计放在水中进行读数,不可将它拿出水面之外读数。

【数据处理】

(1)实验数据:管径 $d =$ _____ cm;管道过水面积 $A =$ _____ cm²;实验装置台号:_____。量测段长度 $L =$ _____ cm;比压计倾斜率 $\sin\alpha =$ _____;水温 $t =$ _____ ℃;运动黏滞性系数 $\nu =$ _____ cm²/s。

(2)数据记录与计算。

表 1-11　数据记录表

测次	比压计读数			h_f /cm	W /cm²	T/s	Q /(cm³/s)	v /(cm/s)	Re	$\lg v$	$\lg h_f$	λ
	∇_1/cm	∇_2/cm	$\nabla_1-\nabla_2$/cm									
1												
2												
3												
4												
5												
6												

续表

测次	比压计读数			h_f /cm	W /cm²	T/s	Q /(cm³/s)	v /(cm/s)	Re	$\lg v$	$\lg h_f$	λ
	∇_1/cm	∇_2/cm	$\nabla_1-\nabla_2$/cm									
7												
8												
9												
10												
11												
12												
13												
14												
15												
16												
17												

(3) 结果整理:分别以 $\lg h_f$ 和 $\lg v$ 为纵横坐标(比例用 1∶1),把实验数据点绘在坐标纸上。并定出紊流向层流转化的临界点,由临界点所对应的 $\lg v$ 的值,查反对数得出 $v=v_c$,故可得到临界雷诺数为

$$Re_c = \frac{v_c d}{\nu} \tag{1-30}$$

分别以 $\lg \lambda$ 和 $\lg Re$ 为纵横坐标,把实验数据点绘在坐标纸上,得到 λ 随 Re 变化的规律。

有条件时,可利用 Excel 表格处理软件进行数据处理。

【思考题】

(1) 实验结果的评价。

(2) 为什么上、下临界雷诺数数值会不一样?

(3) 若将管道倾斜放置,对临界雷诺数是否有影响?为什么?

1.10 堰流流量系数的测定实验

【实验目的】

(1) 掌握宽顶堰流流量系数 m 的测定方法,了解流量系数 m 的物理意义。

(2) 观察淹没宽顶堰流的水流形态和特征,观察矩形薄壁堰水流形态和特征。

(3) 点绘宽顶堰流流量系数 m 与水头 H_0 的关系曲线。

(4) 点绘实用堰流流量系数 m 与水头 H_0 的关系曲线。

【实验原理】

由堰流流量公式

$$Q = mB\sqrt{2g}H_0^{3/2} \tag{1-31}$$

得

$$m = \frac{Q}{B\sqrt{2g}H_0^{3/2}} \tag{1-32}$$

式中:B 为水槽宽度,cm。实验时,改变槽中不同的流量,即可测得相应于不同流量时的堰顶水头 H 值。然后计算出 H_0(含行近流速水头)。利用式(1-32)计算出相应于不同堰顶水头 H_0 的 m 值,从而可以点绘出 m 与水头 H_0 的关系曲线。

【实验设备】

如图 1-11 所示,在有机玻璃水槽中装设宽顶堰、在水槽底下装设浮子流量计,在堰前装设活动水位测针。

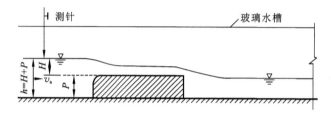

图 1-11　堰流实验仪示意图

【实验步骤】

实用堰与宽顶堰的实验方法完全相同。

(1) 放水之前,用活动测针测出堰前槽底高程及堰顶高程,计算堰高 P。

(2) 检查并确定已关闭位于水槽底部的节流阀。然后接通水泵电源,缓慢打开进水阀,保持堰流为自由出流,待水流稳定后,从浮子流量计测读进入水槽的流量(单位为 m³/h)。

(3) 用活动水位测针测读堰前的水深 h,可得堰顶水头 $H = h - P$,堰前的水深 h 测读位置约在堰顶上游 3~5 倍 H 以上的断面处。

(4) 计算行近流速 v_0 和包括行近流速水头的堰上水头 H_0。

$$v_0 = \frac{Q}{Bh}, \quad H_0 = H + \frac{\alpha_0 v_0^2}{2g} \tag{1-33}$$

式中:B 为槽宽;$\alpha_0 = 1.0$。

(5) 按式(1-32)计算流量系数 m 值。

(6) 改变流量(关小进水阀),重复 3、4、5 步骤,共做八次左右。

(7) 实验完成后,抬高下游水位(由水槽尾门控制),观察淹没堰流的水流形态。

【注意事项】

（1）堰上水头一定要在距离堰面(3)～(5)倍水头以上处量测。

（2）每次调节流量一定要待水流稳定(时间间隔大约需 10 min 左右)后,才能施测。

（3）关小尾阀时,应随时注意水位变化,不要使水流溢出槽外。

【数据处理】

（1）实验数据:堰前水位测针零点读数$\nabla_底$＝_____ cm;堰高 P＝_____ cm;水槽宽度 B＝_____ cm。

（2）宽顶堰流量系数测定数据记录及计算(表 1-12)。

表 1-12　宽顶堰流量系数测定数据记录及计算表

项目	1	2	3	4	5	6	7	8
流量数字积算仪显示的流量/(m³/h)								
换算成计算流量 $Q_实$/(cm³/s)								
宽顶堰堰前水面读数$\nabla_前$/cm								
堰前水深 h/cm($=\nabla_前-\nabla_底$)								
堰顶水头 H/cm($=h-P$)								
堰前过水断面面积 A_0/cm								
堰前行近流速 v_0/(cm/s)								
$\frac{v_0^2}{2g}$/cm								
H_0/cm$\left(=H+\frac{v_0^2}{2g}\right)$								
$H_0^{3/2}$/cm³/²								
$B\sqrt{2g}H_0^{3/2}$/(cm³/s)								
宽顶堰流量系数 m								

注:矩形薄壁堰流只做流态演示,不测流量系数。

【思考题】

（1）从 m 随 H_0 的变化趋势观察,说明其变化原因?

（2）如何从水流现象上判断堰流是否淹没?

（3）宽顶堰流的淹没过程有什么特点?

1.11　闸下自由出流流量系数的测定实验

【实验目的】

(1) 掌握平板闸门流量系数 μ_0 的测定方法,了解影响 μ_0 值的各种因素。

(2) 点绘流量系数 μ_0 与相对开度 $\dfrac{e}{H}$ 之间的关系曲线。

【实验原理】

列 0-0 和 C-C 断面的能量方程式

$$H+\frac{a_0 v_0^2}{2g}=h_c+\frac{a_c v_c^2}{2g}+\zeta\frac{v_c^2}{2g} \tag{1-34}$$

经整理得到 μ_0 流量系数为

$$Q=\mu_0 eB\sqrt{2gH_0} \tag{1-35}$$

$$\mu_0=\frac{Q}{eB\sqrt{2gH_0}} \tag{1-36}$$

式中:e 为开度;B 为槽宽。

在实验中,保持流量一定,改变闸门开度,经量测 Q、H_0、e、B 值后,便可按式(1-36)求得 μ_0 值。最后,根据不同的相对开度,点绘 μ_0-$\dfrac{e}{H}$ 的关系曲线。其中 Q、H_0 的测定方法与堰流流量系数测定实验相同。

【实验设备】

如图 1-12 所示。在有机玻璃水槽中安装有机玻璃平板闸门,并在水槽下部供水管道上装设高精度的涡轮流量计,在闸门前装设活动水位测针。

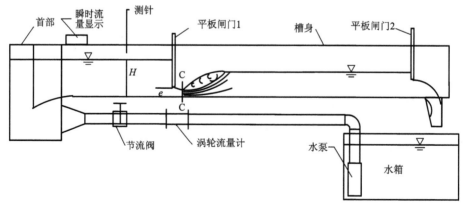

图 1-12　闸下出流实验仪示意图

【实验步骤】

（1）水槽放水之前，首先关闭平板闸门，此时闸门顶与槽顶齐平。然后将闸门开到一定的高度，可用直尺量出闸门顶高出槽顶的高度，即为闸门的开度 e。

（2）缓慢打开进水节流阀并调整尾门，待水流稳定后，利用 XSJ-39BI 涡轮流量计测读过闸流量，注意流量应控制在较小的闸门开度，以闸前水面不溢出水槽为准。

（3）利用闸前水位测针，测读闸前水位。

（4）利用直尺，测读并计算闸门的相对开度 $\dfrac{e}{H}$。

（5）进行第二测次，即增大一点平板闸门的开启度，待水流稳定后，测读闸前水位及闸门开度；共做八个测次，记录数据填入表 1-13。

（6）分析整理实验数据，以 μ_0 为纵坐标，$\dfrac{e}{H}$ 为横坐标，点绘 $\mu_0 - \dfrac{e}{H}$ 相关曲线，即为本次实验的成果。

【注意事项】

（1）水槽首部进水节流阀打开调好后，每一测次测读过程中不得随意变动，以保持流量一定。

（2）在实验过程中，应保证过闸水流为自由出流，为此尾门的开度应尽量大。

（3）闸门开度较小时，闸前水位不得过高，以防水槽漫溢。

（4）实验点数据太少时，可变更流量和闸门的相对开度，重复实验步骤（2）～（5）。

【数据处理】

（1）实验数据：涡轮流量计读数 $Q=$ _____ $\mathrm{m^3/h}$；闸前水位测针零点读数 $\nabla_底=$ _____ cm；槽宽 $B=$ _____ cm。

（2）记录数据与计算。

表 1-13　闸下自由出流流量系数的测定实验数据记录及计算表

项目	1	2	3	4	5	6	7	8
闸前水面读数 ∇/cm								
闸前水深 h/cm（$=\nabla-\nabla_底$）								
闸门开启度 e/cm（=直尺读数）								
闸前过水断面面积 A_0/cm²（$=Bh$）								
闸前行近流速 v_0/(cm/s)（$=Q/A_0$）								
$\dfrac{v_0^2}{2g}$/cm								
H_0/cm$\left(=h+\dfrac{v_0^2}{2g}\right)$								

续表

项目	1	2	3	4	5	6	7	8
$eB\sqrt{2gH_0}/(\text{cm}^3/\text{s})$								
μ_0								
$\dfrac{e}{H}$								

【思考题】

(1) 为什么相对开度 $\dfrac{e}{H}$ 会影响流量系数 μ_0 值?

(2) 当闸下出现淹没出流时,闸前水位将发生什么变化? 为什么发生这个变化?

1.12 　水跃演示与验证实验

【实验目的】

(1) 观察急流、缓流及水跃现象。

(2) 验证水跃共轭方程。

【实验原理】

水跃是水流从急流过渡到缓流时所产生的局部水力现象,由于水跃区内水流剧烈旋滚、紊动和掺混,旋滚区和主流区之间不断进行动量交换,大大加剧了水跃区水流内部的摩擦作用,从而有效地消耗水流中大量的机械能。在水利工程中,由于建造水工建筑物后造成上游水位抬高,溢流宽度减小,单宽流量加大,从而使下泄水流过于集中而使下游水流条件变坏。因此,在水利工程中必须在尽可能小的范围内设法消除下泄水流中多余的机械能。经常采用的底流消能衔接方式就是利用水跃消能的有效方法之一。

对平底水跃的跃前、跃后断面列动量方程,可得到水跃共轭方程

$$h'' = \frac{1}{2}h'\left(\sqrt{1+8Fr_1}-1\right) \tag{1-37}$$

式中:h'' 为跃后水深;h' 为跃前水深;Fr_1 为跃前弗劳德数(表示惯性力与重力量级比值)。

【实验设备】

如图 1-13 所示的有机玻璃水槽,主要由水箱、水泵、涡轮流量计、节流阀和平板闸门等构成自循环系统。槽身长 360 cm,宽 10 cm,高 30 cm;设计流量为 4～5 L/s(相当于14.4～21.4 m³/h),最大流量可达约 28 m³/h,用涡轮流量计测得流量,单位为 m³/h。

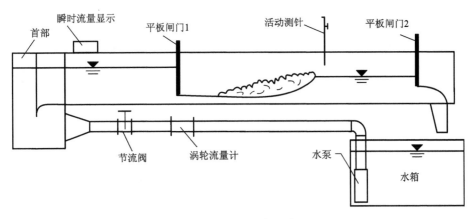

图 1-13　水跃实验仪示意图

【实验步骤】

（1）检查节流阀一定要全关；检查两个平板闸门要全开。

（2）接通水泵电源，缓缓开启节流阀直至所要求的流量范围内。

（3）待流量稳定后，关小平板闸门 1，使得形成稳定的闸孔出流。

（4）关小平板闸门 2，抬高下游水位，使得水槽中形成一向前运动的水跃。

（5）随着平板闸门 2 的开大与关小，仔细观察远驱水跃、临界水跃和淹没水跃的水力特性变化。

（6）在流量稳定和水跃稳定后，用活动测针测出平底水跃的跃前、跃后水深和流量，验证水跃共轭方程的正确性。

【思考题】

（1）闸孔出流具有什么特点？为什么要在闸孔出流的下游采取消能措施？

（2）底流消能应在什么条件下才能充分发挥消除下泄水流中多余的机械能的作用？

1.13　明槽水面曲线变化规律演示实验

【实验目的】

（1）熟悉明槽恒定渐变流 12 条水面曲线的变化规律。

（2）掌握明槽中典型建筑物上下游的水流衔接形式。

【实验原理】

矩形明槽恒定非均匀流水深沿程变化的微分方程：

$$\frac{\mathrm{d}E_s}{\mathrm{d}S} = i - J \tag{1-38}$$

式中:E_s 为断面比能;i 为坡度;$J = \dfrac{v^2}{C^2 R}$ 是单位长度上的沿程水头损失,称为水力坡度;v、C、R 各代表上、下游两个断面相应水力要素的平均值。

明槽恒定渐变流在不同底坡 i 时,共有 12 条水面曲线,定性掌握其沿程 E 变化的规律,是进一步计算水面曲线必不可少的基本前提。

【实验设备】

如图 1-14 所示的有机玻璃变坡水槽,全长 3.6 m,槽宽 0.05 m,置于固定的工作台上,可通过倒顺开关来控制下游的电动升降架以改变水槽的底坡,底坡 i 的大小可以由升降架附近的标尺直接读出。此外还配有自循环系统。

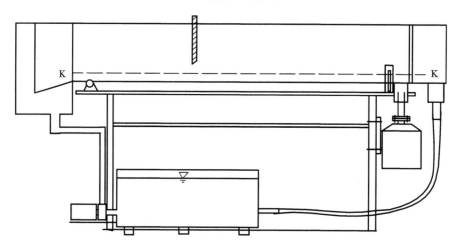

图 1-14　明槽水面曲线演示仪示意图

根据通过水槽的实际流量 Q(事先已标定),即可算出通过水槽的临界水深 h_k 从而可确定 K-K 线(K-K 线已绘在水槽上)。

根据变坡水槽断面宽度 $B = 0.05$ m 和已知流量条件下的 h_k 两个参数,代入

$$i_k = \frac{g \chi_k}{\alpha c_k^2 B_k} \tag{1-39}$$

即可算出临界坡 i_k(其位置已刻在标尺上)。式中:χ_k 为湿周,$\chi_k = B_k + 2h_k$;c_k 为谢才系数;B_k 为槽宽;α 为流量系数。通过倒顺开关调节指针在标尺上的位置,即可定出水槽的实际坡度。

【实验步骤】

在实际进行水面曲线演示时,只要根据实际调定水槽底坡所在的位置,就可确定水槽中的水面曲线属于何种类型了。下面具体介绍调定 12 条水面曲线的操作方法:

(1) 调整水槽的实际底坡使得指针处于标尺上的 N-N 和 K-K 之间,$0 < i < i_k$ 全开尾门,此时在水槽中即可看到如图 1-15(a)所示的 M_2 降水曲线。

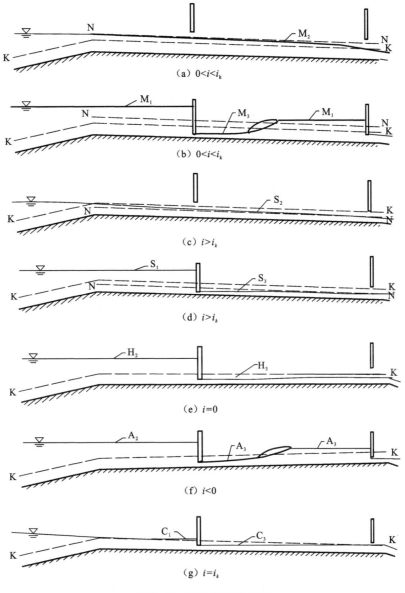

(a) $0<i<i_k$

(b) $0<i<i_k$

(c) $i>i_k$

(d) $i>i_k$

(e) $i=0$

(f) $i<0$

(g) $i=i_k$

图 1-15　临界底坡关系图

　　(2) 如若降低水槽中部的平板闸门,底坡仍为 $0<i<i_k$,使得闸门开度 $e<h_k$,并控制尾门的开度,此时在水槽中平板闸门的前后即可看到 M_1 和 M_3 两条水面线,如图 1-15(b)所示。

　　(3) 提升水槽中部的平板闸门,全开尾门,调整底坡使得 $i>i_k$,此时可在水槽中看到 S_2 型降水曲线,如图 1-15(c)所示。

　　(4) 在第(3)步的基础上,全开尾门,即可在水槽中看到 S_3 和 S_1 两条水面曲线,如图 1-15(d)所示。

　　(5) 调整水槽的底坡,使得 $i=0$,关小水槽中部的平板闸门,使得其开度 $e<h_k$,形成闸

下出流。待水流稳定后,即可看到平板闸门前后 H_2 和 H_3 两条水面曲线,如图 1-15(e) 所示。

（6）调整水槽的底坡,使得 $i<0$,并关小水槽中部的平板闸门,使得其开度 $e<h_k$,待水流稳定后,即可看到平板闸门前后形成 A_2 和 A_3 两条水面曲线,如图 1-15(f)所示。

（7）调整水槽的底坡,使得 $i=i_k$,关小水槽中部的平板闸门,使得其开度 e 略小于 h_k,待水流稳定后,即可看到平板闸门前后形成 C_1 和 C_3 两条水面曲线（C_1 和 C_3 两条水面曲线与理论曲线有所不同）,如图 1-15(g)所示。

【思考题】

（1）当改变水槽中的流量 Q 时,i_k 和 h_k 的数值将如何变化,水面线型式是否也发生变化?

（2）流量 Q 不变时,水面曲线的变化与哪些因素有关?

（3）当流量 Q 不变,$i=i_k$ 时,水槽中的 C_1 和 C_3 型曲线与理论曲线略有不同? 为什么?

（4）上述演示水面曲线的操作方法是否唯一? 若否,应该怎样操作? 请举例说明。

第 2 章　环境工程原理实验

2.1　伯努利实验

【实验目的】

(1) 通过测量几种情况下各测量点的动压头、静压头,并作比较分析,演示流体在管内流动时压力能、动能、位能相互之间的转换关系,加深对伯努利方程的理解。

(2) 通过测量流体经过扩大、收缩管段(文丘里管)时,各截面上静压头的变化过程,结合各点压力能、动能、位能相互之间的转换关系并作分析比较,计算其能量变化,并通过能量之间的变化了解流体在管内流动时其流体阻力的表现形式。

【实验原理】

在流体流动过程中,用带小孔的测压管测量管路中流体流动过程中各点的能量变化。当测压管的小孔正对着流体的流动方向时,此时测得的是管路中各点的静压头和动压头的总和,即

$$h_a = \frac{p}{\rho g} + \frac{v^2}{2g} \tag{2-1}$$

可以单位质量流体为衡算基准来研究流体流动的能量守恒与转化规律。在实验管路中沿管内水流方向取 n 个过水断面。运用不可压缩流体的定常流动的总流伯努利方程,可以列出进口附近断面 1 至另一缓变流断面 i 的伯努利方程:

$$z_1 + \frac{p_1}{\rho g} + \frac{\alpha_1 v_1^2}{2g} = z_i + \frac{p_i}{\rho g} + \frac{\alpha_i v_i^2}{2g} + H_{fl-i} \tag{2-2}$$

式中: $i = 2, 3, 4, \cdots, n$; 取 $\alpha_1 = \alpha_2 = \cdots = \alpha_n = 1$; z 为液体的位压头,m 液柱; p 为液体的压强,Pa; v 为液体的平均流速,m/s; ρ 为液体的密度,kg/m³; H_{fl-i} 为流体系统内因阻力造成的压头损失,m 液柱。

选好基准面,从断面处已设置的静压测管中读出测管水头 $z + \frac{p}{\rho g}$ 的值;通过测量管路的流量,计算出各断面的平均流速 v 和 $\frac{\alpha v^2}{2g}$ 的值,最后即可得到各断面的总水头 $z + \frac{p}{\rho g} + \frac{\alpha v^2}{2g}$ 的值。

【实验设备】

本实验中所用装置为天津大学化工基础实验中心研制的伯努利实验设备。

(1) 实验设备管路图及流程示意图,分别如图 2-1、图 2-2 所示。

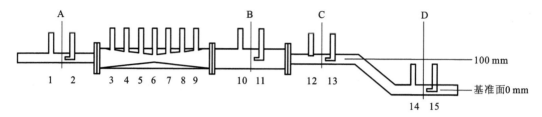

图 2-1　实验测试导管管路图(A、B、C、D均为截面,1~15为测压点标号)

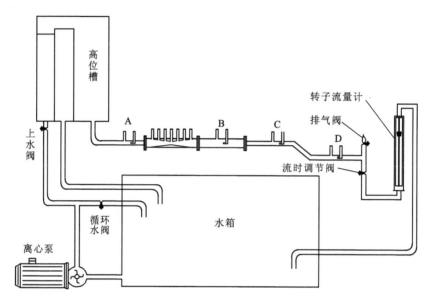

图 2-2　能量转换实验流程示意图

(2)实验设备主要技术参数如表2-1所示。

表 2-1　设备主要技术参数

序号	名称	型号或规格(尺寸)	材料
1	主体设备离心泵	型号:WB50/025	不锈钢
2	水箱	880 mm×370 mm×550 mm	不锈钢
3	高位槽	445 mm×445 mm×730 mm	有机玻璃

【实验步骤】

(1)向水箱灌入一定量的蒸馏水,关闭离心泵出口上水阀及实验测试导管出口流量调节阀、排气阀、排水阀,打开回水阀和循环水阀后启动离心泵。

(2)逐步开大离心泵出口上水阀,当高位槽溢流管有液体溢流后,利用流量调节阀调节出水流量,并稳定一段时间。

(3)待流体稳定后读取静止状态总压头数据,并记录各点压头数据。

(4)逐步关小流量调节阀,调节不同液体流量,重复以上步骤继续测定多组数据。

（5）关闭离心泵,放空水箱中蒸馏水,结束实验。

【注意事项】

（1）离心泵出口上水阀不要开得过大,以免水流冲击到高位槽外面,导致高位槽液面不稳定。

（2）调节水流量时,注意观察高位槽内水面是否稳定,并随时补充水量保持液体状态稳定。

（3）减小水流量时阀门调节要缓慢,以免水量突然减小使测压管中的水溢出管外。

（4）注意排除实验导管内的空气泡。

（5）避免离心泵空转或离心泵在出口阀门全关的条件下工作。

（6）注意回流阀的使用。

【数据处理】

（1）已知数据:A 截面、C 截面、D 截面的直径均为 14 mm;B 截面的直径为 28 mm;以 D 截面的中心为零基准面,即 $Z_D = 0$ mm。A 截面与 D 截面间距离为 100 mm,即 $Z_A = Z_B = Z_C = 100$ mm。

（2）测量液体处于静止状态的总压头为_____ mmH$_2$O*。

（3）记录不同流量下各点压头原始数据于表 2-2。

表 2-2　不同流量下各测量点压头

序号	项目	流量 600 L/h 压头 /mmH$_2$O	流量 500 L/h 压头 /mmH$_2$O	流量 400 L/h 压头 /mmH$_2$O	流量 300 L/h 压头 /mmH$_2$O	流量 200 L/h 压头 /mmH$_2$O	流量 100 L/h 压头 /mmH$_2$O
1	静压头						
2	冲压头						
3	静压头						
4	静压头						
5	静压头						
6	静压头						
7	静压头						
8	静压头						
9	静压头						
10	静压头						
11	冲压头						

---

* 1 mmH$_2$O＝9.806 65 Pa,下同。

续表

序号	项目	流量 600 L/h 压头 /mmH₂O	流量 500 L/h 压头 /mmH₂O	流量 400 L/h 压头 /mmH₂O	流量 300 L/h 压头 /mmH₂O	流量 200 L/h 压头 /mmH₂O	流量 100 L/h 压头 /mmH₂O
12	静压头						
13	冲压头						
14	静压头						
15	冲压头						

（4）求取不同流量下测量点 2～11 的液体阻力（不同管径），填入表 2-3。

表 2-3　不同流量下测量点 2～11 的液体阻力

序号	项目	流量 600 L/h 压头 /mmH₂O	流量 500 L/h 压头 /mmH₂O	流量 400 L/h 压头 /mmH₂O	流量 300 L/h 压头 /mmH₂O	流量 200 L/h 压头 /mmH₂O	流量 100 L/h 压头 /mmH₂O
1	$H_{f,2\sim11}$						

（5）求取不同流量下测量点 13～15，以及 12～14 的液体阻力（不同位高），填入表 2-4，并比较两者数据间的联系。

表 2-4　不同流量下测量点 13～15，以及 12～14 的液体阻力

序号	项目	流量 600 L/h 压头 /mmH₂O	流量 500 L/h 压头 /mmH₂O	流量 400 L/h 压头 /mmH₂O	流量 300 L/h 压头 /mmH₂O	流量 200 L/h 压头 /mmH₂O	流量 100 L/h 压头 /mmH₂O
1	$H_{f,13\sim15}$						
2	$H_{f,12\sim14}$						

（6）测量点 3～9 为文丘里管，3～6 的横截面积依次减小，6～9 的横截面积依次增大。测量点 6 为喉径，横截面积最小。画出不同流量下各点的压力能变化。

（7）根据流量计算 A、B、C、D 四个断面的平均流速 v 和 $\dfrac{v^2}{2g}$ 的值，并验算各点的总压头 H 是否守恒（表 2-5）。

表 2-5　不同流量下各断面的平均流速 v 及总压头 H

序号	项目	流量 600 L/h	流量 500 L/h	流量 400 L/h	流量 300 L/h	流量 200 L/h	流量 100 L/h
1	v_A						
2	v_B						
3	v_C						

续表

序号	项目	流量 600 L/h	流量 500 L/h	流量 400 L/h	流量 300 L/h	流量 200 L/h	流量 100 L/h
4	v_D						
5	H_A						
6	H_B						
7	H_C						
8	H_D						

【思考题】

（1）通过比较表 2-4 中数据，$H_{f,13\sim15}$ 和 $H_{f,12\sim14}$ 有何联系？其原因是什么？

（2）文丘里管各测量点间的能量是如何转换的？

2.2　离心泵性能测定实验

【实验目的】

（1）熟悉离心泵的结构、性能及特点，练习并掌握其操作方法。

（2）掌握离心泵特性曲线和管路特性曲线的测定方法、表示方法，加深对离心泵性能的了解。

（3）了解、掌握离心泵串联、并联实验。

【实验原理】

1. 离心泵特性曲线测定

离心泵是最常见的液体输送设备。在一定的型号和转速下，离心泵的扬程 H、轴功率 N 及效率 η 均随流量 Q 而改变。通常通过实验测出 H-Q、N-Q 及 η-Q 关系，并用曲线表示，称为特性曲线。特性曲线是确定泵的适宜操作条件和选用泵的重要依据。离心泵特性曲线的测定原理如下。

1）H 的测定

在泵的吸入口和排出口之间列伯努利方程：

$$Z_入 + \frac{P_入}{\rho g} + \frac{u_入^2}{2g} + H = Z_出 + \frac{P_出}{\rho g} + \frac{u_出^2}{2g} + H_{f入-出} \tag{2-3}$$

$$H = Z_出 - Z_入 + \frac{P_出 - P_入}{\rho g} + \frac{u_出^2 - u_入^2}{2g} + H_{f入-出} \tag{2-4}$$

式中：$H_{f入-出}$ 是泵的吸入口和排出口之间管路内的流体流动阻力，与伯努利方程中其他项比较，$H_{f入-出}$ 值很小，故可忽略。于是式（2-4）变为

$$H = Z_出 - Z_入 + \frac{P_出 - P_入}{\rho g} + \frac{u_出^2 - u_入^2}{2g} \tag{2-5}$$

将测得的 $Z_出 - Z_入$ 和 $P_出 - P_入$ 的值及计算所得的 $u_入$ 和 $u_出$ 代入上式，即可求得 H 值。

2）N 的测定

功率表测得的功率为电动机的输入功率。由于泵由电动机直接带动，传动效率可视为 1，所以电动机的输出功率等于泵的轴功率。即泵的轴功率 $N=$ 电动机的输出功率，kW；电动机输出功率＝电动机输入功率×电动机效率；泵的轴功率＝功率表读数×电动机效率，kW。

3）η 的测定

$$\eta = \frac{N_e}{N} \tag{2-6}$$

$$N_e = \frac{HQ\rho g}{1\,000} = \frac{HQ\rho}{102} \tag{2-7}$$

式中：η 为泵的效率；N 为泵的轴功率，kW；N_e 为泵的有效功率，kW；H 为泵的扬程，m；Q 为泵的流量，m^3/s；ρ 为水的密度，kg/m^3。

2. 管路特性曲线

当离心泵安装在特定的管路系统中工作时，实际的工作压头和流量不仅与离心泵本身的性能有关，还与管路特性有关，也就是说，在液体输送过程中，泵和管路二者相互制约。

管路特性曲线是指流体流经管路系统的流量与所需压头之间的关系。若将泵的特性曲线与管路特性曲线绘在同一坐标图上，两曲线交点即为泵在该管路的工作点。因此，如同通过改变阀门开度来改变管路特性曲线，求出泵的特性曲线一样，可通过改变泵转速来改变泵的特性曲线，从而得出管路特性曲线。泵的压头 H 计算同上。

3. 串联、并联操作

在实际生产中，当单台离心泵不能满足输送任务要求时，可采用几台离心泵加以组合。离心泵的组合方式原则上有两种：串联和并联。

（1）并联操作。将两台型号相同的离心泵并联操作，而且各自的吸入管路相同，则两台泵的流量和压头必相同，也就是说具有相同的管路特性曲线和单台泵的特性曲线。在同一压头下，理论上两台并联泵的流量等于单台泵的 2 倍，但由于流量增大使管路流动阻力增加，因此两台泵并联后的总流量必低于原单台泵流量的 2 倍。由此可见，并联的台数越多，流量增加得越少，所以三台以上的泵并联操作，一般无实际意义。

（2）串联操作。将两台型号相同的泵串联工作时，每台泵的压头和流量也是相同的。因此，在同一流量下，理论上串联泵的压头为单台泵的两倍，但实际操作中两台泵串联操作的总压头必低于单台泵压头的两倍。应当注意，串联操作时，最后一台泵所受的压力最大，如串联泵组台数过多，可能会导致最后一台泵因强度不够而受损。

【实验设备】

1. 实验设备主要技术参数

1）设备参数

（1）离心泵：型号 WB70/055。

（2）真空表测压位置管内径 $d_\text{入}=0.032$ m。

（3）压强表测压位置管内径 $d_\text{出}=0.051$ m。

（4）真空表与压强表测压口之间垂直距离 $h_0=0.74$ m。

（5）实验管路 $d=0.051$ m。

（6）电机效率为 60%。

2）流量测量

涡轮流量计型号 LWY-40C，量程 0～20 m³/h，数字仪表显示。

3）功率测量

功率表型号 PS-139，精度 1.0 级数字仪表显示。

4）泵入口真空度测量

真空表表盘直径 100 mm，测量范围 -0.1～0 MPa。

5）泵出口压力测量

压力表表盘直径 100 mm，测量范围 0～0.6 MPa。

6）温度计

Pt100，数字仪表显示。

2. 测定流程及仪表示意

离心泵性能测定流程示意图如图 2-3 所示，仪表面板示意图如图 2-4 所示。

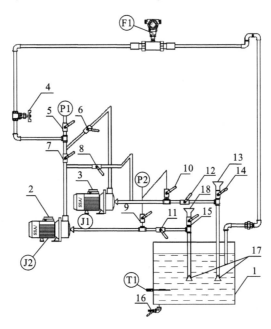

图 2-3　离心泵性能测定流程示意图

1.水箱；2.离心泵Ⅱ；3.离心泵Ⅰ；4.流量调节阀；5、6、7、8、9、10、11、12、14、15、16.阀门；13、18.灌水漏斗；17.底阀；
F1.涡轮流量计；T1.温度计；P1.压力表（离心泵出口压力）；P2.真空表（离心泵入口压力）；
J1.功率表（离心泵Ⅰ电机输入功率）；J2.功率表（离心泵Ⅱ电机输入功率）

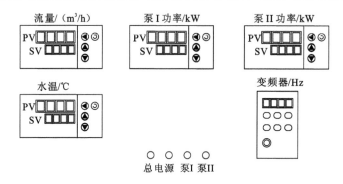

图 2-4　设备面板示意图
面板中 PV 代表设置温度，SV 代表实际温度

【实验步骤】

1. 离心泵特性曲线（单泵Ⅰ操作为例）

（1）首先向水箱内注入蒸馏水。

（2）将全部阀门关闭。打开阀门 14，通过漏斗 13 进行灌泵，灌泵结束后关闭阀门 14，打开泵入口阀门 12，打开总电源开关，按下泵Ⅰ开关，用变频器设定频率后，按 run 键启动离心泵Ⅰ。

（3）打开出口阀门 6，缓慢打开流量调节阀门 4 并至全开。待系统内流体稳定，打开压力表阀门 5 和真空表阀门 10，方可测取数据。

（4）测取数据的顺序可从最大流量至 0，或反之。一般测 10~20 组数据。每次在稳定的条件下同时记录：涡轮流量计、压力表、真空表、功率表的读数及流体温度（表 2-6），绘制离心泵特性曲线（图 2-5）。

（5）实验结束，关闭流量调节阀，停泵，切断电源。

2. 管路特性的测量（单泵操作）

（1）首先将全部阀门关闭。打开阀门 14，通过漏斗 13 进行灌泵，灌泵结束后关闭阀门 14，打开泵入口阀门 12，打开总电源开关，按下泵Ⅰ开关，用变频器设定频率后，按 run 键启动离心泵Ⅰ，打开出口阀门 6，设置流量调节阀 4 为某一开度（使系统的流量为某一固定值），待系统内流体稳定，打开压力表阀门 5 和真空表的阀门 10，方可测取数据。

（2）调节变频器频率，改变离心泵电机频率以得到管路特性改变状态。调节范围为 0~50 Hz。

（3）每改变电机频率一次，记录以下数据：涡轮流量计的流量，泵入口真空度，泵出口压强（表 2-7），绘制管路特性曲线（图 2-5）。

（4）实验结束，关闭流量调节阀，停泵，切断电源。

3. 双泵串联操作

（1）将全部阀门关闭。打开阀门 14，通过漏斗 13 进行泵Ⅰ灌泵，打开阀门 15 通过漏斗 18 进行泵Ⅱ灌泵，两泵灌泵结束后将阀门 14 和 15 关闭。打开泵Ⅱ入口阀门 11，打开总电源开关,按下泵Ⅱ开关,用变频器设定频率后,按 run 键启动离心泵Ⅰ。打开阀门8,按下泵Ⅰ开关,打开出口阀门6,缓慢打开流量调节阀门4并至全开。

(2) 待系统内流体稳定,打开压力表阀门5和真空表的阀门9,方可测取数据。

(3) 测取数据的顺序可从最大流量至0,或反之。一般测10~20组数据。每次在稳定的条件下同时记录:涡轮流量计、压力表、真空表、功率表(泵Ⅰ和泵Ⅱ功率都要记录)的读数及流体温度(表 2-8),绘制离心泵串联特性曲线(图 2-6)。

(4) 实验结束,关闭流量调节阀,停泵,切断电源。

4. 双泵并联操作

(1) 将全部阀门关闭。打开阀门14,通过漏斗13进行泵Ⅰ灌泵,打开阀门15通过漏斗18进行泵Ⅱ灌泵,两泵灌泵结束后将阀门14和15关闭。打开泵Ⅰ入口阀门12,打开泵Ⅱ入口阀门11,打开总电源开关,按下泵Ⅰ、泵Ⅱ开关,用变频器设定频率后,按 run 键启动离心泵Ⅰ与离心泵Ⅱ。

(2) 打开泵Ⅰ出口阀门6,打开泵Ⅱ入口阀门7,缓慢打开流量调节阀门4并至全开。待系统内流体稳定,打开压力表阀门5和真空表的阀门(阀门9和10),方可测取数据。

(3) 测取数据的顺序可从最大流量至0,或反之。一般测10~20组数据。每次在稳定的条件下同时记录:涡轮流量计、压力表、真空表、功率表(泵Ⅰ和泵Ⅱ功率都要记录)的读数及流体温度(表 2-9),绘制离心泵并联特性曲线(图 2-7)。

(4) 实验结束,关闭流量调节阀,停泵,切断电源。

【注意事项】

(1) 该装置电路采用五线三相制配电,实验设备应良好接地。

(2) 实验一开始先要进行灌泵操作,防止泵空转造成损坏。

(3) 启动离心泵之前,一定要关闭压力表和真空表的控制阀门5、9和10,以免离心泵启动时对压力表和真空表造成损害。

【数据处理】

1. 数据处理过程举例

涡轮流量计读数:10.52 m^3/h,泵入口真空表读数:-0.026 MPa,出口压力表读数:0.026 MPa,功率表读数:0.79 kW。

$$H=(Z_出-Z_入)+\frac{P_出-P_入}{\rho g}+\frac{u_出^2-u_入^2}{2g}$$

$$d_入=0.032 \ (m) \quad \therefore u_入=\frac{Q}{\frac{\pi}{4}\times d_入^2}=\frac{\frac{10.52}{3\ 600}}{\frac{\pi}{4}\times 0.032^2}=3.64 \ (m/s)$$

$$d_出=0.051 \ (m) \quad \therefore u_出=\frac{Q}{\frac{\pi}{4}\times d_出^2}=\frac{\frac{10.52}{3\ 600}}{\frac{\pi}{4}\times 0.051^2}=1.43 \ (m/s)$$

$$H = 0.74 + \frac{(0.01 + 0.026) \times 1\,000\,000}{997.96 \times 9.81} + \frac{1.43^2 - 3.64^2}{2 \times 9.81} = 3.5 \text{ (m)}$$

$$N = 0.79 \times 60\% = 0.474 (\text{kW}) = 474 \text{ (W)}$$

$$N_e = \frac{HQ\rho}{102} = \frac{10.52 \times \dfrac{3.50}{3\,600} \times 1\,000}{102} = 0.101 \text{ (kW)}$$

$$\eta = \frac{N_e}{N} = \frac{0.101}{0.474} = 21.1\%$$

管路特性、串并联计算方法相同。

2. 数据记录表格及图形

表 2-6　离心泵性能测定实验数据记录表（单泵）

序号	入口压力 $P_入$ /MPa	出口压力 $P_出$ /MPa	电机功率 /kW	流量 Q /(m³/h)	压头 H /m	泵轴功率 N /W	泵效率 η/%
1							
2							
3							
4							
5							
6							
7							
8							
9							
10							
11							
12							

注：液体温度 18.6 ℃；液体密度 $\rho = 997.96$ kg/m³；泵进出口高度差＝0.74 m

表 2-7　离心泵管路特性曲线数据记录表（单泵）

序号	电机频率 /Hz	入口压力 $P_入$ /MPa	出口压力 $P_出$ /MPa	流量 Q /(m³/h)	压头 H /m
1					
2					
3					
4					
5					
6					

序号	电机频率 /Hz	入口压力 $P_入$ /MPa	出口压力 $P_出$ /MPa	流量 Q /(m³/h)	压头 H /m
7					
8					
9					
10					
11					
12					

注：液体温度 20.8 ℃；液体密度 $\rho=997.49$ kg/m³；泵进出口高度差=0.74 m

表 2-8　双泵串联数据记录表

序号	入口压力 $P_入$ /MPa	出口压力 $P_出$ /MPa	电机功率 1 /kW	电机功率 2 /kW	流量 Q /(m³/h)	压头 H /m	泵轴功率 N /W	泵效率 η /%
1								
2								
3								
4								
5								
6								
7								
8								
9								
10								
11								
12								

表 2-9　双泵并联数据记录表

序号	入口压力 $P_入$ /MPa	出口压力 $P_出$ /MPa	电机功率 1 /kW	电机功率 2 /kW	流量 Q /(m³/h)	压头 H /m	泵轴功率 N /W	泵效率 η /%
1								
2								
3								
4								
5								
6								

序号	入口压力 $P_入$ /MPa	出口压力 $P_出$ /MPa	电机功率 1 /kW	电机功率 2 /kW	流量 Q /(m³/h)	压头 H /m	泵轴功率 N /W	泵效率 η /%
7								
8								
9								
10								
11								
12								

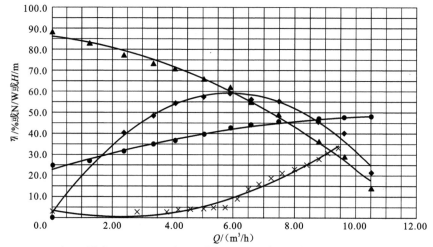

◆ 离心泵性能 Q-η　　● 离心泵性能 Q-N　　▲ 离心泵性能 Q-H　　× 管路性能 Q-H

图 2-5　离心泵性能特征曲线、管路性能特征曲线(单泵)示意图

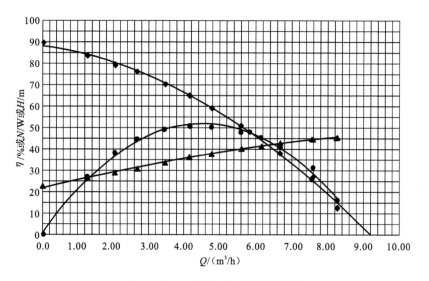

图 2-6　离心泵串联特性曲线示意图

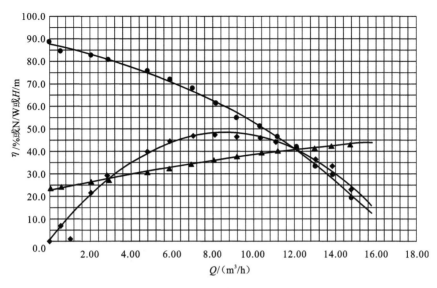

图 2-7　离心泵并联特性曲线图

【思考题】

（1）启动离心泵时为何要先向泵内灌满水？离心泵启动前为何要把出口阀门关闭？

（2）生产中哪种情况下用离心泵的串联操作较好，哪种情况下用离心泵的并联操作较好？

（3）离心泵的流量调节有哪些方法？

2.3　套管换热器液-液热交换系数及膜系数测定实验

【实验目的】

本实验的目的，是测定在套管换热器中进行的液-液热交换过程的传热总系数，流体在圆管内作强制湍流时的传热膜系数。确立求算传热系数的关联式。通过本实验，对传热过程的实验研究方法有所了解，在实验技能上受到一定的训练，并对传热过程基本原理加深理解。

【实验原理】

冷热流体通过固体壁面所进行的热交换过程，先由热流体把热量传递给固体壁面，然后由固体壁面的一侧传向另一侧，最后再由壁面把热量传给冷流体。换言之，热交换过程由给热—导热—给热三个串联过程组成。

若热流体在套管热交换器的管内流过，而冷流体在管外流过，设备两端测试点上的温度如图 2-8 所示。则在单位时间内热流体向冷流体传递的热量，可由热流体的热量衡算

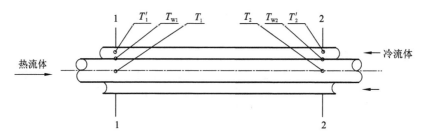

图 2-8　套管换热器两端测试点的温度

方程表示：

$$Q = m_S \overline{C}_p (T_1 - T_2) \tag{2-8}$$

就整个热交换而言，由传热速率基本方程经过数学处理，可得计算式为

$$Q = KA\Delta T_m \tag{2-9}$$

式中：Q 为传热速率，J/s 或 W；m_S 为热流体的质量流率，kg/s；$\overline{C}_p$ 为热流体的平均定压比热容，J/(kg·K)；T 为热流体的温度，K；T' 为冷流体的温度，K；K 为传热总系数，W/(m²·K)；A 为热交换面积，m²；ΔT_m 为两流体间的平均温度差，K；下标 1 和 2 分别表示热交换器两端的数值。

若 ΔT_1 和 ΔT_2 分别为热交换器两端冷热流体之间的温度差，即

$$\Delta T_1 = (T_1 - T_1') \tag{2-10}$$

$$\Delta T_2 = (T_2 - T_2') \tag{2-11}$$

则平均温度差可按下式计算：

当 $\dfrac{\Delta T_1}{\Delta T_2} > 2$ 时，

$$\Delta T_m = \frac{\Delta T_1 - \Delta T_2}{\ln \dfrac{\Delta T_1}{\Delta T_2}} \tag{2-12}$$

当 $\dfrac{\Delta T_1}{\Delta T_2} < 2$ 时，

$$\Delta T_m = \frac{\Delta T_1 + \Delta T_2}{2} \tag{2-13}$$

由(2-8)和(2-9)两式联立求解，可得传热总系数的计算式：

$$K = \frac{m_S \overline{C}_p (T_1 - T_2)}{A \Delta T_m} \tag{2-14}$$

就固体壁面两侧的给热过程来说，给热速率基本方程为

$$Q = \alpha_1 A_w (T - T_w) \tag{2-15}$$

$$Q = \alpha_2 A_w' (T_w' - T') \tag{2-16}$$

根据热交换两端的边界条件，经数学推导，同理可得管内给热过程的给热速率计算式

$$Q = \alpha_1 A_w \Delta T_m' \tag{2-17}$$

式中：α_1 与 α_2 分别表示固体壁面两侧的传热膜系数，W/(m²·K)；A_w 与 A_w' 分别表示固体壁两侧的内壁表面积和外壁表面积，m²；T_w 与 T_w' 分别表示固体壁两侧的内壁面温度

和外壁面温度,K;$\Delta T_{\mathrm{m}}'$为热流体与内壁面之间的平均温度差,K。

热流体与管内壁面之间的平均温度差可按下式计算:

当 $\dfrac{T_1-T_{\mathrm{w1}}}{T_2-T_{\mathrm{w2}}}>2$ 时,
$$\Delta T_{\mathrm{m}}'=\frac{(T_1-T_{\mathrm{w1}})-(T_2-T_{\mathrm{w2}})}{\ln\dfrac{T_1-T_{\mathrm{w1}}}{T_2-T_{\mathrm{w2}}}} \tag{2-18}$$

当 $\dfrac{T_1-T_{\mathrm{w1}}}{T_2-T_{\mathrm{w2}}}<2$ 时,
$$\Delta T_{\mathrm{m}}'=\frac{(T_1-T_{\mathrm{w1}})+(T_2-T_{\mathrm{w2}})}{2} \tag{2-19}$$

由(2-8)和(2-17)式联立求解可得管内传热膜系数的计算式为

$$\alpha_1=\frac{m_{\mathrm{S}}\overline{C}_{\mathrm{p}}(T_1-T_2)}{A_{\mathrm{W}}\Delta T_{\mathrm{m}}'} \tag{2-20}$$

同理也可得到管外给热过程的传热膜系数的类同公式。

流体在圆形直管内作强制对流时,传热膜系数 α 与各项影响因素[如管内径 d,m;管内流速 u,m/s;流体密度 ρ,kg/m^3;流体黏度 μ,Pa·s;定压比热容 C_p,J/(kg·K)和流体导热系数 λ,W/(m·K)]之间的关系可关联成如下准数关联式:

$$Nu=a\,Re^m\,Pr^n \tag{2-21}$$

式中:$Nu=\dfrac{\alpha d}{\lambda}$努塞特数(Nusselt number);$Re=\dfrac{du\rho}{\mu}$为雷诺数(Reynolds number);$Pr=\dfrac{C_p\mu}{\lambda}$为普朗特数(Prandtl number);系数 a 和指数 m,n 的具体数值,需要通过实验来测定。实验测得 a、m、n 数值后,则传热膜系数即可由该式计算。例如:

当流体在圆形直管内作强制湍流时,$Re>10\,000$,$Pr=0.7\sim160$,$l/d>50$,则流体被冷却时,α 值可按下列公式求算:

$$Nu=0.023\,Re^{0.8}\,Pr^{0.3} \tag{2-22}$$

或
$$\alpha=0.023\,\frac{\lambda}{d}\left(\frac{du\rho}{\mu}\right)^{0.8}\left(\frac{C_p\mu}{\lambda}\right)^{0.3} \tag{2-23}$$

流体被加热时

$$Nu=0.023\,Re^{0.8}\,Pr^{0.4} \tag{2-24}$$

或
$$\alpha=0.023\,\frac{\lambda}{d}\left(\frac{du\rho}{\mu}\right)^{0.8}\left(\frac{C_p\mu}{\lambda}\right)^{0.4} \tag{2-25}$$

当流体在套管环隙内作强制湍流时,上列各式中 d 用当量直径 d_{e} 替代即可。各项物性常数均取流体进出口平均温度下的数值。

【实验设备】

本实验设备主要由套管换热器、恒温循环水槽、高位稳压水槽及一系列测量和控制仪表组成,装置流程如图 2-9 所示。

套管换热器由一根 $\phi 12\times 1.5$ mm 的黄铜管作为内管,一根 $\phi 20\times 2.0$ mm 的有机玻璃管作为套管所构成。套管换热器外面再套一根 $\phi 32\times 2.5$ mm 有机玻璃管作为保温管。

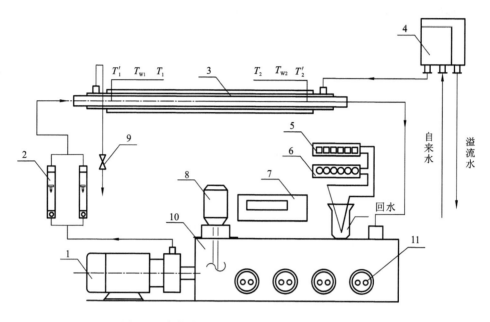

图 2-9　套管换热器液-液热交换实验装置示意图

1.循环水泵；2.热水流量计；3.套管换热器；4.高位稳压水槽；5.数字电压表；
6.转换开关；7.控温仪；8.搅拌器；9.冷水阀门；10.恒温循环水槽；11.电加热器

套管换热器两端测温点之间距离(测试段距离)为 1 000 mm。每个检测端面上在管内、管外和管壁内设置 3 支铜-康铜热电偶，并通过转换开关与数字电压表相连接，用以测量管内、管外的流体温度和管内壁的温度(本实验通过测温毫伏表间接计算温度)。

　　热水由循环水泵从恒温水槽送入管内，然后经转子流量计再返回槽内。恒温循环水槽中用电热器补充热水在热交换器中移去的热量，并控制恒温。

　　冷水由自来水管直接送入高位稳压水槽，再由稳压水槽流经转子流量计和套管的环隙空间。高位稳压水槽排出的溢流水和由换热管排出被加热后的水，均排入下水道。

【实验步骤】

1. 实验前的准备工作

(1) 向恒温循环水槽灌入蒸馏水或软水，直至溢流管有水溢出为止。

(2) 开启并调节通往高位稳压水槽的自来水阀门，使槽内充满水，并且溢流管有水流出。

(3) 将冰块碎成细粒，放入冷阱杯中并掺入少许蒸馏水，使之呈粥状，将热电偶冷接点插入冰水中，盖严盖子。

(4) 将恒温循环水槽的温度自控装置的温度定为 55 ℃，启动恒温水槽的电热器，等恒温水槽的水达到预定温度后即可开始实验。

(5) 实验前需要准备好热水转子流量计的流量标定曲线和热电偶分度表。

2. 实验操作步骤

(1) 开启冷水截止球阀,测定冷水流量,实验过程中保持恒定。

(2) 启动循环水泵,开启并调节热水调节阀,热水流量在 60～250 L/h 范围内选取若干流量值(一般要求不少于 5～6 组测试数据),进行实验测定(表 2-10)。

(3) 每调节一次热水流量,待流量和温度都恒定后,依次测定各点温度,并进行数据整理(表 2-11 和表 2-12)。

【注意事项】

(1) 开始实验时,必须先向换热器通冷水,然后再启动热水泵。停止实验时,必须先停止电热器,待换热器管内存留热水被冷却后,再停水泵并停止通冷水。

(2) 启动恒温水槽的电热器之前,必须先启动循环水泵使水流动。

(3) 在启动循环水泵之前,必须先将热水调节阀关闭,待泵运行正常后,再徐徐开启调节阀。

(4) 每改变一次热水流量,一定要使传热过程达到稳定之后,才能测取数据。每测一组数据,最好重复数次。当测得流量和各点温度数值恒定后,表明过程已达稳定状态。

【数据处理】

1. 实验设备参数

(1) 内管内径:$d_i = 0.008$ m。

(2) 内管外径:$d_e = 0.012$ m。

(3) 内管内横截面积 $S = 5.027 \times 10^{-5}$ m²。

(4) 内管测试长度 $L = 1$ m。

(5) 外管内径 $d_i' = 0.016$ m。

(6) 外管外径 $d_e' = 0.02$ m。

(7) 环隙横截面积 $S' = 1.131 \times 10^{-4}$ m²。

(8) 内管内壁表面积 $A_w = 2.513 \times 10^{-2}$ m²。

(9) 内管外壁表面积 $A_w' = 3.770 \times 10^{-2}$ m²。

(10) 平均热交换面积 $A = 3.142 \times 10^{-2}$ m²。

2. 实验操作参数

(1) 冷水流率 $V_h' = $ _____ L/h;(2) 冷水温度 $t_2 = $ _____ ℃。

3. 实验数据记录

表 2-10　数据记录表

实验序号				1	2	3	4	5	6
热水流率		$V_h/(\text{L/h})$							
		$V_s/(\times10^{-5}\,\text{m}^3/\text{s})$							
		$M_S/(\times10^{-2}\,\text{kg/s})$							
温度	截面 I	热水	电压/mV						
			$T_1/℃$						
		壁温	电压/mV						
			$T_{w1}/℃$						
		冷水	电压/mV						
			$t_1/℃$						
	截面 II	热水	电压/mV						
			$T_2/℃$						
		壁温	电压/mV						
			$T_{w2}/℃$						
		冷水	电压/mV						
			$t_2/℃$						

表 2-11　实验数据整理

实验序号	1	2	3	4	5	6
管内热水平均温度 $T_m/℃$						
管内热水平均温度 T_m/K						
热水的密度 $\rho/(\text{kg/m}^3)$						
热水黏度 $\mu/(\times10^{-4}\,\text{Pa}\cdot\text{s})$						
热水比热容 $C_p/[\times10^3\,\text{J}/(\text{kg}\cdot\text{K})]$						
热水导热系数 $\lambda/[\text{W}/(\text{m}\cdot\text{K})]$						

表 2-12　实验数据整理

实验序号	1	2	3	4	5	6
管内热水流率 $u/(\text{m/s})$						
管内热水平均温度 T_m/K						
冷热水间平均温差 $\Delta T_m/\text{K}$						
热水与壁平均温差 $\Delta T'_m/\text{K}$						
传热速率 Q/W						
传热总系数 $K/[\text{W}/(\text{m}^2\cdot\text{K})]$						

续表

实验序号	1	2	3	4	5	6
管内传热膜系数 $\alpha/[\mathrm{W}/(\mathrm{m}^2 \cdot \mathrm{K})]$						
管内雷诺数 $Re(\times 10^4)$						
管内普朗特数 Pr						
管内努塞特数 Nu						

4. 实验结果分析

（1）绘制传热总系数 K 与管内雷诺数 Re 的关系曲线（图 2-10）。

表 2-13　传热系数 K 与 Re 的关系

实验序号	1	2	3	4	5	6
传热总系数 $K/[\mathrm{W}/(\mathrm{m}^2 \cdot \mathrm{K})]$						
雷诺数 Re						

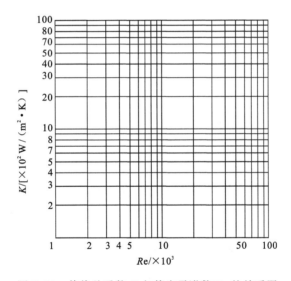

图 2-10　传热总系数 K 与管内雷诺数 Re 的关系图

（2）列出传热总系数 K 与管内雷诺数 Re 的关系式。

（3）绘制圆管内水冷却传热膜系数 α 与管内雷诺数 Re 的关系曲线（图 2-11）。

表 2-14　圆管内水冷却传热膜系数 α 与管内雷诺数 Re

实验序号	1	2	3	4	5	6
传热膜系数 $\alpha/[\mathrm{W}/(\mathrm{m}^2 \cdot \mathrm{K})]$						
雷诺数 Re						

（4）列出圆管内水冷却传热膜系数 α 与努塞特数 Nu 的关系式。

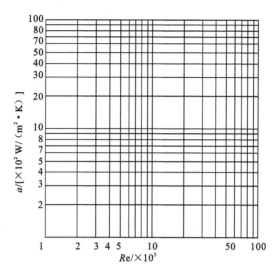

图2-11 水冷却传热膜系数 α 与管内雷诺数 Re 的关系图

【思考题】

(1) 简述本实验中的套管换热器的换热过程。

(2) 为什么启动恒温水槽的电热器之前,须先启动循环水泵使水流动?

2.4 流体流动阻力测定实验

【实验目的】

(1) 掌握测定流体流经直管、管件和阀门时阻力损失的一般实验方法。

(2) 测定直管阻力摩擦系数 λ 与雷诺数 Re 的关系,验证在一般湍流区内 λ 与 Re 的关系曲线。

(3) 测定流体流经管件、阀门时的局部阻力系数 ξ。

(4) 学会倒 U 形压差计和转子流量计的使用方法。

(5) 识辨组成管路的各种管件、阀门,并了解其作用。

【实验原理】

流体通过由直管、管件(如三通和弯头等)和阀门等组成的管路系统时,由于黏性剪应力和涡流应力的存在,要损失一定的机械能。流体流经直管时所造成机械能损失称为直管阻力损失。流体通过管件、阀门时因流体运动方向和速度大小改变所引起的机械能损失称为局部阻力损失。

1. 直管阻力摩擦系数 λ 的测定

流体在水平等径直管中稳定流动时,阻力损失为

$$w_{\mathrm{f}}=\frac{\Delta p_{\mathrm{f}}}{\rho}=\frac{p_1-p_2}{\rho}=\lambda\,\frac{l}{d}\frac{u^2}{2} \tag{2-26}$$

即

$$\lambda=\frac{2d\Delta p_{\mathrm{f}}}{\rho l u^2} \tag{2-27}$$

式中:λ 为直管阻力摩擦系数;d 为直管内径,m;Δp_{f} 为流体流经 l 米直管的压力降,Pa;w_{f} 为单位质量流体流经 l 米直管的机械能损失,J/kg;ρ 为流体密度,kg/m^3;l 为直管长度,m;u 为流体在管内流动的平均流速,m/s。

滞流(层流)时

$$\lambda=\frac{64}{Re} \tag{2-28}$$

$$Re=\frac{du\rho}{\mu} \tag{2-29}$$

式中:Re 为雷诺数;μ 为流体黏度,kg/(m・s)。

湍流时 λ 是雷诺数 Re 和相对粗糙度 $\dfrac{\varepsilon}{d}$ 的函数,须由实验确定。由式(2-27)可知,欲测定 λ,需确定 l、d,测定 Δp_{f}、u、ρ、μ 等参数。l、d 为装置参数(装置参数表格中给出),ρ、μ 通过测定流体温度,再查有关手册而得,u 通过测定流体流量,再由管径计算得到。

例如本实验装置采用转子流量计测流量 V,m^3/h。

$$u=\frac{V}{900\pi d^2} \tag{2-30}$$

Δp_{f} 可用 U 形管、倒 U 形管、测压直管等液柱压差计测定,或采用差压变送器和二次仪表显示。

当采用倒 U 形管液柱压差计时

$$\Delta p_{\mathrm{f}}=\rho g R \tag{2-31}$$

式中:R 为水柱高度,m。

当采用 U 形管液柱压差计时

$$\Delta p_{\mathrm{f}}=(\rho_0-\rho)gR \tag{2-32}$$

式中:R 为液柱高度,m;ρ_0 为指示液密度,kg/m^3。

根据实验装置结构参数 l、d,指示液密度 ρ_0,流体温度 t_0(查流体物性 ρ、μ),及实验时测定的流量 V、液柱压差计的读数 R,通过式(2-30)、(2-31)或(2-32)、(2-29)和式(2-27)求取 Re 和 λ,再将 Re 和 λ 标绘在双对数坐标图上。

2. 局部阻力系数 ξ 的测定

局部阻力损失通常有两种表示方法,即当量长度法和阻力系数法。

1)当量长度法

流体流过某管件或阀门时造成的机械能损失看作与某一长度为 l_{e} 的同直径的管道所产生的机械能损失相当,此折合的管道长度称为当量长度,用符号 l_{e} 表示。这样,就可以用直管阻力的公式来计算局部阻力损失,而且在管路计算时可将管路中的直管长度与管件、阀

门的当量长度合并在一起计算，则流体在管路中流动时的总机械能损失 $\sum w_\mathrm{f}$ 为

$$\sum w_\mathrm{f} = \lambda \frac{l + \sum l_e}{d} \frac{u^2}{2} \tag{2-33}$$

2) 阻力系数法

流体通过某一管件或阀门时的机械能损失表示为流体在小管径内流动时平均动能的某一倍数，局部阻力的这种计算方法，称为阻力系数法。即

$$w'_\mathrm{f} = \frac{\Delta p'_\mathrm{f}}{\rho} = \xi \frac{u^2}{2} \tag{2-34}$$

故

$$\xi = \frac{2\Delta p'_\mathrm{f}}{\rho u^2} \tag{2-35}$$

式中：ξ 为局部阻力系数；$\Delta p'_\mathrm{f}$ 为局部阻力压强降，Pa（本装置中，所测得的压降应扣除两测压口间直管段的压降，直管段的压降由直管阻力实验结果求取）；ρ 为流体密度，$\mathrm{kg/m^3}$；g 为重力加速度，9.81 $\mathrm{m/s^2}$；u 为流体在小截面管中的平均流速，$\mathrm{m/s}$。

待测的管件和阀门由现场指定。本实验采用阻力系数法表示管件或阀门的局部阻力损失。

根据连接管件或阀门两端管径中小管的直径 d，指示液密度 ρ_0，流体温度 t_0（查流体物性 ρ、μ），及实验时测定的流量 V、液柱压差计的读数 R，通过式（2-30）、（2-31）或（2-32）、（2-35）求取管件或阀门的局部阻力系数 ξ。

【实验设备】

1. 实验设备

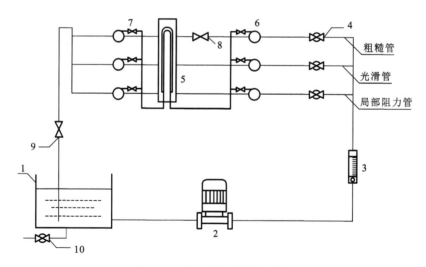

图 2-12　实验装置流程示意图

1.水箱；2.管路泵；3.转子流量计；4.球阀；5.倒 U 形压差计；6.均压环；7.球阀；
8.局部阻力管上的闸阀；9.出水管路闸阀；10.水箱放水阀

2. 实验流程

实验设备是由水箱,离心泵,不同管径、材质的水管,各种阀门、管件,涡轮流量计和倒 U 形压差计等所组成的。管路部分有 3 段并联的长直管,分别用于测定局部阻力系数、光滑管直管阻力系数和粗糙管直管阻力系数。测定局部阻力部分使用内壁光滑的不锈钢管,其上装有待测管件(闸阀);光滑管直管阻力的测定同样使用内壁光滑的不锈钢管,而粗糙管直管阻力的测定对象为管道内壁较粗糙的镀锌铁管。

流量使用转子流量计测量,将转子流量计的信号传给相应的显示仪表显示出转速,管路和管件的阻力采用倒 U 形压差计直接读数。

3. 设备参数

由于管子的材质存在批次的差异,所以可能会产生管径的不同,所以表 2-15 中的管内径只能作为参考。

表 2-15　实验设备参数

名称	材质	管路号	管内径/mm	测量段长度/cm
局部阻力管	闸阀	1A	20.0	95
光滑管	不锈钢管	1B	20.0	100
粗糙管	镀锌铁管	1C	21.0	100

【实验步骤】

1. 实验准备

(1) 清洗水箱,清除底部杂物,防止损坏泵的叶轮和转子流量计。关闭箱底侧排污阀,灌清水至离水箱上缘约 15 cm 高度,既可提供足够的实验用水又可防止出口管处水花飞溅。

(2) 接通控制柜电源,打开总开关电源及仪表电源,进行仪表自检。打开水箱与泵连接管路间的球阀,关闭泵的回流阀,全开转子流量计下的闸阀。如上步骤操作后,若泵吸不上水,可能是叶轮反转,首先检查有无缺相,一般可从指示灯判断三相电是否正常。其次检查有无反相,需检查管道离心泵电机部分电源相序,调整三根火线中的任意两线插口即可。

2. 实验管路选择

选择实验管路,把对应的进口阀打开,并在出口阀最大开度下,保持全流量流动 5~10 min。

3. 排气

先进行管路的引压操作。需打开实验管路均压环上的引压阀,对倒 U 形管进行操作如下,其结构如图 2-13 所示。

排出系统和导压管内的气泡。关闭管路总出口阀,使

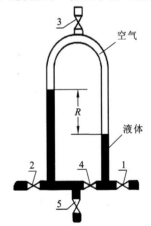

图 2-13　倒 U 形管压差计示意图
1.低压侧阀门;2.高压侧阀门;
3.进气阀门;4.平衡阀门;
5.出水阀门

系统处于零流量、高扬程状态。依次关闭进气阀门 3、出水阀门 5 及平衡阀门 4。打开高压侧阀门 2 和低压侧阀门 1 使实验系统的水经过系统管路、导压管、高压侧阀门 2、倒 U形管、低压侧阀门 1 排出系统。

玻璃管吸入空气。排净气泡后，关闭 1 和 2 两个阀门，打开平衡阀门 4、出水阀门 5 和进气阀门 3，使玻璃管内的水排净并吸入空气。

平衡水位。依次关闭阀门 4、5、3，然后依次打开 1 和 2 两个阀门，让水进入玻璃管至平衡水位（此时系统中的出水阀门始终是关闭的），管路中的水在零流量时，U形管内水位是平衡的，压差计即处于待用状态。

被测对象在不同流量下对应的压差，就反应为倒 U 形管压差计的左右水柱之差（表 2-16）。

4. 流量调节

进行不同流量下的管路压差测定实验。让流量在 $0.8 \sim 4\ \mathrm{m^3/h}$ 变化，建议每次实验变化 $0.5\ \mathrm{m^3/h}$ 左右。由小到大或由大到小调节管路总出口阀，每次改变流量，待流动达到稳定后，读取各项数据，共做 8~10 组。主要获取实验参数为：流量 Q，测量段压差 ΔP 及流体温度 t。

5. 实验结束

关闭管路总出口阀，然后关闭泵开关和控制柜电源，将该管路的进口球阀和对应均压环上的引压阀关闭，清理装置（若长期不用，则管路残留水可从排空阀进行排空，水箱的水也通过排水阀排空）。

【注意事项】

实验时一定要把 U 形管内水位调平衡才能开始阻力的测定。

【数据处理】

表 2-16　不同流量下的管路压差测定

序号	流量 /(m³/h)	光滑管/mmH₂O			粗糙管/mmH₂O			局部阻力管/mmH₂O		
		左	右	压差	左	右	压差	左	右	压差
1										
2										
3										
4										
5										
6										
7										
8										

1. 粗糙管实验结果

根据粗糙管实验结果（表 2-17），在双对数坐标纸上标绘出 λ-Re 曲线（图 2-14），对照《环境工程原理》教材上有关曲线图，估算出该管的相对粗糙度和绝对粗糙度。

表 2-17　粗糙管实验结果

序号	流量 /(m³/h)	流速 /(m/s)	密度 ρ /(kg/m³)	黏度 μ /(Pa·s)	雷诺数 Re	压差 Rₘ /m	阻力 系数	阻力损失 hf
1								
2								
3								
4								
5								
6								
7								
8								

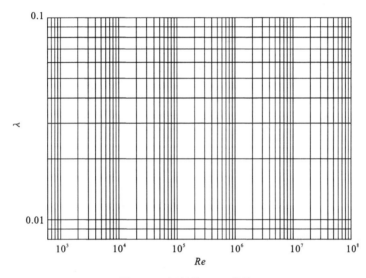

图 2-14　粗糙管 λ-Re 曲线

2. 光滑管实验结果

根据光滑管实验结果(表 2-18),在双对数坐标纸上标绘出 λ-Re 曲线(图 2-15),对照柏拉修斯方程,计算其误差。

表 2-18　光滑管实验结果

序号	流量 /(m³/h)	流速 /(m/s)	密度 ρ /(kg/m³)	黏度 μ /(Pa·s)	雷诺数 Re	压差 Rₘ /m	阻力 系数	阻力损失 hf
1								
2								
3								
4								

续表

序号	流量 /(m³/h)	流速 /(m/s)	密度 ρ /(kg/m³)	黏度 μ /(Pa·s)	雷诺数 Re	压差 R_m /m	阻力系数	阻力损失 h_f
5								
6								
7								
8								

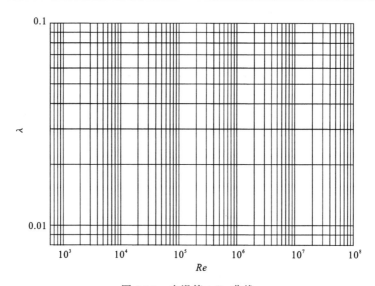

图 2-15　光滑管 λ-Re 曲线

3. 局部阻力管实验结果

表 2-19　局部阻力管实验结果

序号	流量 /(m³/h)	流速 /(m/s)	密度 ρ/(kg/m³)	黏度 μ/(Pa·s)	雷诺数 Re	压差 R_m/m	阻力系数	阻力损失 h_f
1								
2								
3								
4								
5								
6								
7								
8								

【思考题】

(1) 如果要增加雷诺数的范围,可采取哪些措施?

(2) 以水为工作流体所测得 $\lambda\text{-}Re$ 关系能否适用于其他种类的流体?请说明原因。

2.5 填料塔液侧传质膜系数测定实验

【实验目的】

(1) 采用水吸收二氧化碳,测定填料塔的液侧传质膜系数、总传质系数和传质单元高度,并通过实验确定液侧传质膜系数与各项操作条件的关系。

(2) 学习掌握研究物质传递过程的一种实验方法,并加深对传质过程原理的理解。

【实验原理】

双膜模型的浓度分布如图 2-16 所示,根据双膜模型的基本假设,气侧和液侧的吸收质 A 的传质速率方程可分别表示为

气侧 $G_A = k_G A (p_A - p_{Ai})$ (2-36)

液侧 $G_A = k_L A (C_{Ai} - C_A)$ (2-37)

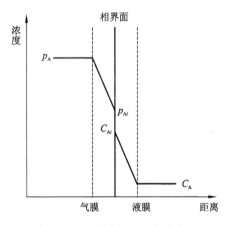

图 2-16 双膜模型的浓度分布图

式中:G_A 为 A 组分的传质速率,kmol/s;A 为两相接触面积,m^2;p_A 为气侧 A 组分的平均分压,Pa;p_{Ai} 为相界面上 A 组分的分压,Pa;C_A 为液侧 A 组分的平均浓度,$kmol/m^3$;C_{Ai} 为相界面上 A 组分的浓度,$kmol/m^3$;k_G 为以分压表达推动力的气侧传质膜系数,$kmol/(m^2 \cdot s \cdot Pa)$;$k_L$ 为以物质的量浓度表达推动力的液侧传质膜系数,m/s。

以气相分压或以液相浓度表示传质过程推动力的相际传质速率方程又可分别表示为

$$G_A = K_G A (p_A - p_A^*) \tag{2-38}$$

$$G_A = K_L A (C_A^* - C_A) \tag{2-39}$$

式中:p_A^* 为液相中 A 组分的实际浓度所要求的气相平衡分压,Pa;C_A^* 为气相中 A 组分的实际分压所要求的液相平衡浓度,$kmol/m^3$;K_G 为以气相分压表示推动力的总传质系数,简称为气相传质总系数,$kmol/(m^2 \cdot s \cdot Pa)$;$K_L$ 为以液相浓度表示推动力的总传质系数,简称为液相传质总系数,m/s。

若气液相平衡关系遵循亨利定律:$C_A = H p_A$,则

$$\frac{1}{K_G} = \frac{1}{k_G} + \frac{1}{H k_L} \tag{2-40}$$

$$\frac{1}{K_L} = \frac{H}{k_G} + \frac{1}{k_L} \tag{2-41}$$

当气膜阻力远大于液膜阻力时，则相际传质过程受气膜传质速率控制，此时 $K_G = k_G$；反之，当液膜阻力远大于气膜阻力时，则相际传质过程受液膜传质速率控制，此时 $K_L = k_L$。

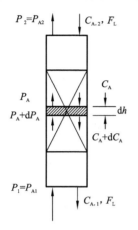

图 2-17　填料塔的物料衡算图

如图 2-17 所示，在逆流接触的填料层内，任意截取一微分段，并以此为衡算系统，则由吸收质 A 的物料衡算可得

$$dG_A = \frac{F_L}{\rho_L} dC_A \tag{2-42}$$

式中：F_L 为液相摩尔流率，$kmol/s$；ρ_L 为液相摩尔密度，$kmol/m^3$。

根据传质速率基本方程，可写出该微分段的传质速率微分方程：

$$dG_A = K_L(C_A^* - C_A) aSdh \tag{2-43}$$

联立 (2-42) 和 (2-43) 两式可得

$$dh = \frac{F_L}{K_L aS\rho_L} \cdot \frac{dG_A}{C_A^* - C_A} \tag{2-44}$$

式中：a 为气液两相接触的比表面积，m^2/m^3；S 为填料塔的横截面积，m^2。

本实验采用水吸收纯二氧化碳，且已知二氧化碳在常温常压下溶解度较小，因此，液相摩尔流率 F_L 和摩尔密度 ρ_L 的比值，即液相体积流率 $V_{S,L}$ 可视为定值，且设总传质系数 K_L 和两相接触比表面积 a，在整个填料层内为定值，则按下列边界条件积分 (2-49) 式，可得填料层高度的计算公式：

$$h = 0, \quad C_A = C_{A,2}$$
$$h = h, \quad C_A = C_{A,1}$$
$$h = \frac{V_{S,L}}{K_L aS} \cdot \int_{C_{A,2}}^{C_{A,1}} \frac{dC_A}{C_A^* - C_A} \tag{2-45}$$

令 $H_L = \dfrac{V_{S,L}}{K_L aS}$，且称 H_L 为液相传质单元高度；$N_L = \displaystyle\int_{C_{A,2}}^{C_{A,1}} \frac{dC_A}{C_A^* - C_A}$，且称 N_L 为液相传质单元数。

因此，填料层高度为传质单元高度与传质单元数之乘积，即

$$h = H_L \times N_L \tag{2-46}$$

若气液相平衡关系遵循亨利定律，即平衡曲线为直线，则 (2-45) 式可用解析法解得填料层高度的计算式，即可采用下列平均推动力法计算填料层的高度或液相传质单元高度：

$$h = \frac{V_{S,L}}{K_L aS} \cdot \frac{C_{A,1} - C_{A,2}}{\Delta C_{A,m}} \tag{2-47}$$

$$H_L = \frac{h}{N_L} = \frac{h}{(C_{A,1} - C_{A,2})/\Delta C_{A,m}} \tag{2-48}$$

式中：$\Delta C_{A,m}$ 为液相平均推动力，即

$$\Delta C_{A,m} = \frac{\Delta C_{A,1} - \Delta C_{A,2}}{\ln \dfrac{\Delta C_{A,1}}{\Delta C_{A,2}}} = \frac{(C_{A,1}^* - C_{A,1}) - (C_{A,2}^* - C_{A,2})}{\ln \dfrac{C_{A,1}^* - C_{A,1}}{C_{A,2}^* - C_{A,2}}} \tag{2-49}$$

因为本实验采用纯水吸收纯二氧化碳，则

$$C_{A,1}^* = C_{A,2}^* = C_A^* = HP_A = HP \tag{2-50}$$

二氧化碳的溶解度常数

$$H = \frac{\rho_c}{M_c} \cdot \frac{1}{E} \tag{2-51}$$

式中：ρ_c 为水的密度，kg/m^3；M_c 为水的摩尔质量，$kg/kmol$；E 为亨利系数，Pa。

因此，式(2-49)可简化为

$$\Delta C_{A,m} = \frac{C_{A,1}}{\ln \dfrac{C_A^*}{C_A^* - C_{A,1}}} \tag{2-52}$$

又因为本实验采用的物系仅遵循亨利定律，而且气膜阻力可以不计。在此情况下，整个传质过程阻力都集中在液膜，即属于液膜控制过程，则液侧体积传质膜系数等于液相体积传质总系数，即

$$k_L a = K_L a = \frac{V_{S,L}}{hS} \cdot \frac{C_{A,1} - C_{A,2}}{\Delta C_{A,m}} \tag{2-53}$$

对于填料塔，液侧体积传质膜系数与主要影响因素之间的关系，曾有不少研究者用实验得出各种关联式。其中，Sherwood-Holloway 得出如下关联式：

$$\frac{k_L a}{D_L} = A \left(\frac{L}{\mu_L} \right)^m \cdot \left(\frac{\mu_L}{\rho_L D_L} \right)^n \tag{2-54}$$

式中：D_L 为吸收质在水中的扩散系数，m^2/s；L 为液体质量流率，$kg/(m^2 \cdot s)$；μ_L 为液体黏度，$Pa \cdot s$ 或 $kg/(m \cdot s)$；ρ_L 为液体密度，kg/m^3。

应该注意的是 Sherwood-Holloway 关联式中，$\dfrac{k_L a}{D_L}$ 和 $\dfrac{L}{\mu_L}$ 两相没有特性长度。因此，该式也不是真正无量纲准数关联式。该式中 A，m 和 n 的具体数值，需要在一定的条件下由实验求得。

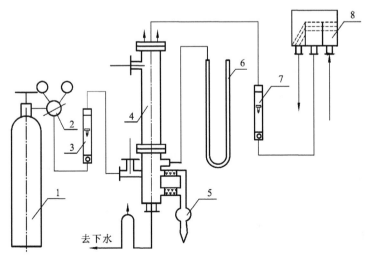

图 2-18　填料吸收塔液侧传质膜系数测定实验装置示意图

1.CO_2 钢瓶；2.减压阀；3.CO_2 流量计；4.填料吸收塔；5.滴定计量球；6.压差计；7 水流量计；8.高位稳压水槽

【实验设备】

本实验装置由填料吸收塔、二氧化碳钢瓶、高位稳压水槽和各种测量仪表等组成,其流程如图 2-18 所示。

填料吸收塔采用直径为 50 mm 的玻璃柱。柱内装 5 mm 塑料拉西环,填充高度为 300 mm。吸收质为纯二氧化碳气体,由钢瓶经二次减压阀、调节阀和转子流量计,进入塔底。气体由下向上经过填料层与液相逆流接触,最后由柱顶放空。作吸收剂的水由高位稳压水槽,经调节阀和流量计,进入塔顶,再喷洒而下。吸收后溶液由塔底经倒 U 形管排出。U 形液柱压差计用以测量塔底压强和填料层的压强降。

【实验步骤】

实验前,首先检查填料吸收塔的进气阀和进水阀,以及二氧化碳二次减压阀是否均已关严;然后,打开二氧化碳钢瓶顶上的针阀,将压力调至 0.1 MPa;同时,向高位稳压水槽注水,直至溢流管有适量水溢流而出。

实验操作可按如下步骤进行。

(1) 缓慢开启进水调节阀,水流量可在 10～50 L/h 选取。一般在此范围内选取 6 个数据点。调节流量时一定要注意保持高位稳压水槽有适量溢流水流出,以保证水压稳定。

(2) 缓慢开启进气调节阀。二氧化碳流量一般控制在 0.1 m³/h 左右为宜。

(3) 当操作达到定常状态之后,测量塔顶和塔底的水温和气温,同时,测定塔底溶液中二氧化碳的含量(表 2-20)。

溶液中二氧化碳含量的测定方法如下。

用吸量管吸取 0.1 mol/L Ba(OH)₂ 溶液 10 mL,放入三角瓶中,并由塔底附设的计量管滴入塔底溶液 20 mL,再加入酚酞指示剂数滴,最后用 0.1 mol/L 盐酸滴定,直至其脱除红色的瞬时为止。由空白实验与溶液滴定用量之差值,按下式计算得出溶液中二氧化碳的浓度:

$$C_A = \frac{M_{HCl} \cdot V_{HCl}}{2V} \tag{2-55}$$

式中:M_{HCl} 为标准盐酸溶液的质量浓度,V_{HCl} 为实际滴定用量,即空白实验用量与滴定试样时用量之差值,mL;V 为塔底溶液采样量,mL。

【注意事项】

(1) 在整个实验过程中,一定要保持二氧化碳流量恒定。

(2) 在整个实验过程中,一定要注意保持高位稳压水槽有适量溢流水流出,以保证水压稳定。

【数据处理】

(1) 实验设备参数:①填料塔:塔柱内径 $d = 0.05$ m,填料层高度 $h = 0.3$ m。②填料材料:球形玻璃填料,规格(粒径)$d_0 = 5$ mm。比表面积 $a_t = 227$ m²/m³,堆积密度

$\rho_b = 802\ kg/m^3$,空隙率 $\varepsilon = 0.66$。

（2）操作参数：大气压强 $P_a = 0.101\ MPa$,室温 $T_a = $ _____ ℃。

（3）分析检验用的化学试剂：$Ba(OH)_2$ 溶液的浓度 $M[Ba(OH)_2] = $ _____ mol/L,
$Ba(OH)_2$ 溶液取用量 $V[Ba(OH)_2] = 10\ mL$,盐酸溶液的浓度 $M(HCl) = $ _____ mol/L。

（4）实测数据记录于表 2-20,气相数据整理于表 2-21,液相数据整理于表 2-22,计算传质系数填入表 2-23。

表 2-20　实验数据记录

实验序号	1	2	3	4	5	6
塔底气温/℃						
塔顶气温/℃						
塔底压强/mmH₂O						
CO_2 流量/(m³/h)						
塔底液温/℃						
塔顶水温/℃						
水流量/(L/h)						
塔底采样量/mL						
空白滴定量/mL						
溶液滴定量/mL						
实际滴定量/mL						

表 2-21　实验数据整理（气相）

实验序号	1	2	3	4	5	6
塔底气温 T/℃						
平均温度 T_g/℃						
平均压强 P/($\times 10^5$ Pa)						
CO_2 密度 ρ_g/(kg/m³)						
空塔速度 u_0/($\times 10^{-2}$ m/s)						
亨利系数 E/($\times 10^8$ Pa)						

表 2-22　实验数据整理（液相）

实验序号	1	2	3	4	5	6
平均温度 T_L/℃						
液体密度 ρ_L/(kg/m³)						
液体黏度 μ_L/($\times 10^{-3}$ Pa·s)						
扩散系数 D_L/($\times 10^{-9}$ m²/s)						

实验序号	1	2	3	4	5	6
体积流率 $V_{s,L}$/($\times 10^{-6}$ m³/s)						
喷淋密度 W/[m³/(m²·h)]						
质量流速 L/[kg/(m²·s)]						

表 2-23　传质系数计算

实验序号(列)	1	2	3	4	5	6
平衡浓度 C_A^*/($\times 10^{-2}$ kmol/m³)						
吸收浓度 $C_{A,1}$/($\times 10^{-2}$ kmol/m³)						
平均推动力 $\Delta C_{A,m}$/($\times 10^{-2}$ kmol/m³)						
传质速率 G_A/($\times 10^{-7}$ kmol/s)						
传质单元高度 H_L/m						
液相传质总系数 K_L/($\times 10^{-2}$/s)						
液侧传质膜系数 k_L/($\times 10^{-2}$/s)						
$(k_L/D_L) \cdot [\mu_L/(\rho_L \cdot D_L)]^{-0.5}$/($\times 10^5$/m²)						
(L/μ_L)/($\times 10^3$/m)						

(5) 标绘 G_A 与 W 的关系曲线于图 2-19,标绘 H_L 与 W 的关系曲线于图 2-20,标绘 k_L 与 W 的关系曲线于图 2-21。

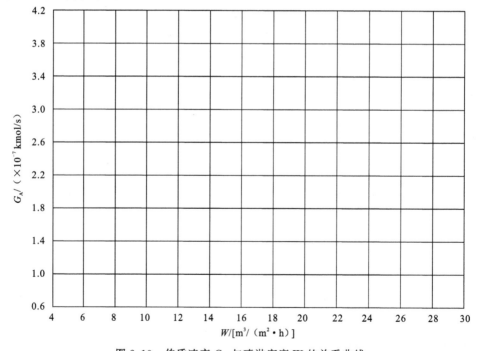

图 2-19　传质速率 G_A 与喷淋密度 W 的关系曲线

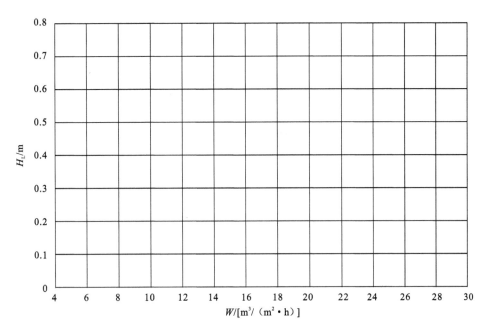

图 2-20　传质单元高度 H_L 与喷淋密度 W 的关系曲线

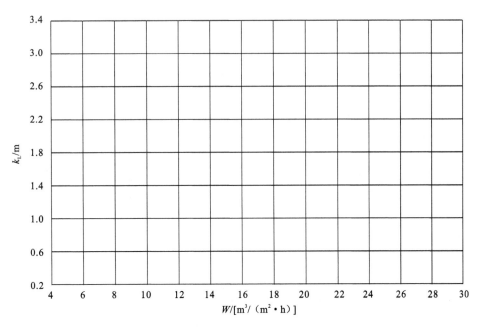

图 2-21　液侧传质膜系数 k_L 与喷淋密度 W 的关系曲线

（6）在双对数坐标上标绘 $\dfrac{L}{\mu_L}$ 与 $\dfrac{k_L a}{D_L} \times \left(\dfrac{\mu_L}{\rho_L D_L}\right)^{-0.5}$ 线性曲线（图 2-22）。

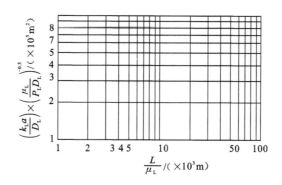

图 2-22　液侧体积传质膜系数的关联式

（7）线性回归得出 Sherwood-Holloway 关联式 $\frac{k_{L}a}{D_{L}} = A\left(\frac{L}{\mu_{L}}\right)^{m} \cdot \left(\frac{\mu_{L}}{\rho_{L}D_{L}}\right)^{n}$ 中系数 A 和指数 m 的值：$A=$ _____，$m=$ _____。由此确立 Sherwood-Holloway 关联式的具体表达式为：_____，线性相关系数 $r=$ _____。

【思考题】

（1）从阻力方面进行分析，采用水吸收二氧化碳是属于气膜控制还是液膜控制？
（2）如果实验过程中二氧化碳流量小于所设定的流量，结果会产生何种影响？

2.6　干燥曲线和干燥速率曲线测定实验

【实验目的】

（1）练习并掌握干燥曲线和干燥速率曲线的测定方法。
（2）练习并掌握物料含水量的测定方法。
（3）通过实验加深对物料临界含水量 X_c 概念及其影响因素的理解。
（4）练习并掌握恒速干燥阶段物料与空气之间对流传热系数的测定方法。
（5）学会用误差分析方法对实验结果进行误差估算。

【实验原理】

干燥是利用热量去除物料中水分的一种方法，它不仅涉及气、固两相间的传热与传质，而且涉及水分以气态或液态形式自物料内部向表面传质的机理。由于物料的含水性质和物料形状的差异，水分传递速率的大小差别很大，它受物料及其含水性质、干燥介质的性质、流速、干燥介质与湿物料接触方式等因素的影响。当湿物料与干燥介质接触时，物料表面的水分开始气化，并向周围介质传递。根据介质传递特点，干燥过程可分为两个阶段。

第一阶段为恒速干燥阶段。干燥过程开始时，由于整个物料湿含量较大，其物料内部水分能迅速到达物料表面。此时干燥速率由物料表面水分的气化速率所控制，故此阶段又称为表面气化控制阶段。这个阶段中,干燥介质传给物料的热量全部用于水分的气化,物料表面温度维持恒定(等于热空气湿球温度),物料表面的水蒸气分压也维持恒定,干燥速率恒定不变,故称为恒速干燥阶段。

第二阶段为降速干燥阶段。当物料干燥至其水分达到临界湿含量后,便进入降速干燥阶段。此时物料中所含水分较少,水分自物料内部向表面传递的速率低于物料表面水分的气化速率,干燥速率由水分在物料内部的传递速率所控制,所以又称为内部迁移控制阶段。随着物料湿含量逐渐减少,物料内部水分的迁移速率逐渐降低,干燥速率不断下降,故称为降速干燥阶段。

恒速段干燥速率和临界含水量的影响因素主要有:固体物料的种类和性质、固体物料层的厚度或颗粒大小、空气的温度、湿度和流速及空气与固体物料间的相对运动方式等。

恒速段干燥速率和临界含水量是干燥过程研究和干燥器设计的重要数据。本实验在恒定干燥条件下对毛毡物料进行干燥,测绘干燥曲线和干燥速率曲线,目的是掌握恒速段干燥速率和临界含水量的测定方法及其影响因素。

1. 干燥速率测定

$$U=\frac{\mathrm{d}W'}{S\mathrm{d}\tau}\approx\frac{\Delta W'}{S\Delta\tau} \tag{2-56}$$

式中:U 为干燥速率,kg/(m² · h);S 为干燥面积,m²,实验室现场提供;$\Delta\tau$ 为时间间隔,h;$\Delta W'$ 为 $\Delta\tau$ 时间间隔内干燥气化的水分量,kg。

2. 物料干基含水量

$$X=\frac{G'-G_{c}}{G_{c}} \tag{2-57}$$

式中:X 为物料干基含水量,kg(水)/kg(绝干物料);G' 为固体湿物料的量,kg;G_{c} 为绝干物料量,kg。

3. 恒速干燥阶段对流传热系数的测定

$$U_{c}=\frac{\mathrm{d}W'}{S\mathrm{d}\tau}=\frac{\mathrm{d}Q'}{r_{t_{w}}S\mathrm{d}\tau}=\frac{\alpha(t-t_{w})}{r_{t_{w}}} \tag{2-58}$$

$$\alpha=\frac{U_{c}\cdot r_{t_{w}}}{t-t_{w}} \tag{2-59}$$

式中:α 为恒速干燥阶段物料表面与空气之间的对流传热系数,W/(m² · ℃);U_{c} 为恒速干燥阶段的干燥速率,kg/(m² · s);t_{w} 为干燥器内空气的湿球温度,℃;t 为干燥器内空气的干球温度,℃;$r_{t_{w}}$ 为 t_{w} 温度下水的汽化热,J/kg。

4. 干燥器内空气实际体积流量的计算

由节流式流量计的流量公式和理想气体的状态方程式可推导出

$$V_{t}=V_{t_{0}}\times\frac{273+t}{273+t_{0}} \tag{2-60}$$

式中:V_{t} 为干燥器内空气实际流量,m³/s;t_{0} 为流量计处空气的温度,℃;$V_{t_{0}}$ 为常压下 t_{0} 温度时空气的流量,m³/s;t 为干燥器内空气的温度,℃。

$$V_{t_0} = C_0 \times A_0 \times \sqrt{\frac{2 \times \Delta P}{\rho_{t_0}}} \tag{2-61}$$

$$A_0 = \frac{\pi}{4} d_0^2 \tag{2-62}$$

式中：C_0 为流量计流量系数，$C_0 = 0.65$；d_0 为节流孔开孔直径，$d_0 = 0.040$ m；A_0 为节流孔开孔面积，m^2；ΔP 为节流孔上下游两侧压力差，Pa；ρ_{t_0} 为孔板流量计处 t_0 温度时空气的密度，kg/m^3。

【实验设备】

本实验中所用设备为天津大学化工基础实验中心研制的洞道干燥实验设备。

1. 实验装置基本情况

(1) 洞道尺寸：长 1.16 m，宽 0.19 m，高 0.24 m。

(2) 加热功率：500～1 500 W。

(3) 空气流量：1～5 m³/min。

(4) 干燥温度：40～120 ℃。

(5) 重量传感器显示仪量程：0～200 g。

(6) 干球温度计、湿球温度计显示仪量程：0～150 ℃。

(7) 孔板流量计处温度计显示仪量程：0～100 ℃。

(8) 孔板流量计压差变送器和显示仪量程：0～10 kPa。

(9) 电子秒表绝对误差：0.5 s。

2. 洞道式干燥器实验装置流程示意

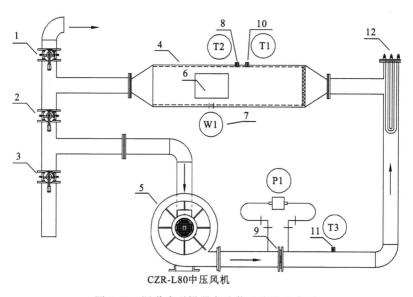

图 2-23　洞道式干燥器实验装置流程示意图

1.废气排出阀；2.废气循环阀；3.空气进气阀；4.洞道干燥器；5.风机；6.干燥物料；7.重量传感器；
8.干球温度计；9.孔板流量计；10.湿球温度计；11.空气进口温度计；12.加热电阻丝

3. 洞道式干燥器实验装置仪表面板

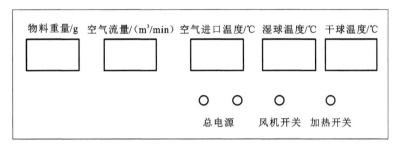

图 2-24　洞道式干燥器实验装置面板图

【实验步骤】

(1) 将提前干燥好的物料(毛毡)用天平称重,精确到 0.01 g。

(2) 测量物料(毛毡)的面积(长×宽)。

(3) 将放湿球温度计(缠绕了纱布)的烧杯装满水。

(4) 将干燥物料(毛毡)放入水中浸湿,使水分充分浸透整个物料,并轻轻挤压出部分水,以保证物料充分浸湿但没有水滴滴下。

(5) 调节送风机吸入口的空气进气阀 3 到全开的位置后启动风机。

(6) 通过废气排出阀 1 和废气循环阀 2 调节空气到指定流量后,开启加热电源。在智能仪表中设定干球温度,仪表自动调节到指定的温度(通常设定 70 ℃)。

(7) 待干球温度、流量稳定后,读取重量传感器测定支架的重量,并记录下来。

(8) 把充分浸湿的干燥物料(毛毡)固定在重量传感器 7 上,并将其与气流平行方向放置。

(9) 在系统稳定后(干球温度计稳定在 70 ℃),每隔 3 min 记录干燥物料减轻的重量,直至干燥物料的重量不再明显减轻为止(连续三次重量读数不变)。

(10) 实验结束时,先关闭加热电源,待干球温度计降至常温后关闭风机电源和总电源。卸下干燥物料,并整理实验现场。

【注意事项】

(1) 重量传感器的量程为 0～200 g,精度比较高,所以在放置干燥物料时务必轻拿轻放,以免损坏或降低重量传感器的灵敏度。

(2) 当干燥器内有空气流过时才能开启加热装置,以避免干烧损坏加热器。

(3) 干燥物料要保证充分浸湿但不能有水滴滴下,否则将影响实验数据的准确性。

(4) 实验结束时应先关加热装置,待温度冷却至室温(30 ℃左右)后方可关闭风机及电源。

(5) 实验进行中不要改变智能仪表的设置。

【数据处理】

1. 实验数据处理过程中所涉及的参数

(1) S 为干燥面积,m^2。

（2）G_C 为绝干物料量，g。

（3）R 为空气流量计的读数，kPa。

（4）T_0 为干燥器进口空气温度，℃。

（5）t 为试样放置处的干球温度，℃。

（6）t_w 为试样放置处的湿球温度，℃。

（7）G_D 为试样支撑架的重量，g。

（8）G_T 为被干燥物料和支撑架的总重量，g。

（9）G 为被干燥物料重量，g。

（10）T 为累计的干燥时间，s。

（11）X 为物料干基含水量，kg 水/kg 绝干物料。

（12）X_{AV} 为两次记录之间被干燥物料的平均含水量，kg（水）/kg（绝干物料）。

（13）U 为干燥速率，kg（水）/(s·m²)。

2. 数据计算示例（以表 2-24 中第 i 和 $i+1$ 组数据为例）

被干燥物料的重量为

$$G_i = G_{T,i} - G_D \tag{2-63}$$

$$G_{i+1} = G_{T,i+1} - G_D \tag{2-64}$$

被干燥物料的干基含水量 X 为

$$X_i = \frac{G_i - G_C}{G_C} \tag{2-65}$$

$$X_{i+1} = \frac{G_{i+1} - G_C}{G_C} \tag{2-66}$$

物料平均含水量 X_{AV} 为

$$X_{AV} = \frac{X_i + X_{i+1}}{2} \tag{2-67}$$

平均干燥速率为

$$U = -\frac{G_C \times 10^{-3}}{S} \times \frac{dX}{dT} = -\frac{G_C \times 10^{-3}}{S} \times \frac{X_{i+1} - X_i}{T_{i+1} - T_i} \tag{2-68}$$

干燥曲线 X-T 曲线，用 X、T 数据进行标绘；干燥速率曲线 U-X 曲线，用 U、X_{AV} 数据进行标绘。

恒速阶段空气至物料表面的对流传热系数为

$$\alpha = \frac{Q}{S \times \Delta t} = \frac{U_C \gamma_{t_w} \times 10^3}{t - t_w} \tag{2-69}$$

流量计处体积流量 V_t 用其回归式算出

$$V_t = c_0 \times A_0 \times \sqrt{\frac{2 \times \Delta P}{\rho_{t_0}}} \tag{2-70}$$

式中：c_0 为孔板流量计孔流系数，$c_0 = 0.65$；A_0 为孔的面积，m²；d_0 为孔板孔径，$d_0 = 0.04$ m；ΔP 为孔板两端压差，kPa；V_t 为空气入口温度（即流量计处温度）下的体积流量，m³/h；

ρ_{t_0} 为空气入口温度(即流量计处温度)下的密度, kg/m³。

干燥试样放置处的空气流量为

$$V = V_t \times \frac{273 + t}{273 + t_0} \tag{2-71}$$

干燥试样放置处的空气流速为

$$u = \frac{V}{3\,600 \times A} \tag{2-72}$$

式中: A 为洞道截面积, m²。

3. 实验数据记录

表 2-24　实验数据记录及整理

空气孔板流量计读数 R:＿＿＿＿＿ kPa;　流量计处的空气温度 t_0:＿＿＿＿＿ ℃;　干球温度 t:＿＿＿＿＿ ℃;

湿球温度 t_w:＿＿＿＿＿ ℃;　框架重量 G_D:＿＿＿＿＿ g;　绝干物料量 G_C:＿＿＿＿＿ g

干燥面积 S:＿＿＿＿＿ m²;　洞道截面积 $A = 0.19 \times 0.24 = 0.045\,6$ m²

序号	累计时间 T/min	总重量 G_T/g	干基含水量 X/(kg/kg)	平均含水量 X_{AV}/(kg/kg)	干燥速率 $U \times 10^{-4}$/[kg/(s·m²)]
1	0				
2	3				
3	6				
4	9				
5	12				
6	15				
7	18				
8	21				
9	24				
10	27				
11	30				
12	33				
13	36				
14	39				
15	42				
16	45				
17	48				
18	51				
19	54				

续表

空气孔板流量计读数 R：_____kPa；　流量计处的空气温度 t_0：_____℃；　　干球温度 t：_____℃；

湿球温度 t_w：_____℃；　　　　框架重量 G_D：_____g；　　　　　　绝干物料量 G_C：_____g

干燥面积 S：_____m²；　　　　洞道截面积：$A = 0.19 \times 0.24 = 0.0456$ m²

序号	累计时间 T/min	总重量 G_T/g	干基含水量 X/(kg/kg)	平均含水量 X_{AV}/(kg/kg)	干燥速率 $U \times 10^{-4}$/[kg/(s·m²)]
20	57				
21	60				
22	63				
23	66				
24	69				
25	72				
26	75				
27	78				
28	81				
29	84				
30	97				
31	90				
32	93				
33	96				
34	99				
35	102				
36	105				
37	108				
38	111				
39	114				
40	117				
41	120				
42	123				
43	126				
44	129				
45	132				
46	135				
47	138				

4. 干燥曲线绘制

根据表 2-24 所整理数据,以时间 $T(\mathrm{min})$ 为横坐标,物料干基含水量 $X(\mathrm{kg/kg})$ 为纵坐标,标绘干燥曲线 $X\text{-}T$ 曲线。

5. 干燥速率曲线绘制

根据表 2-24 所整理数据,以物料平均含水量 X_{Av} 为横坐标,干燥速率 $U\times10^{-4}$ 为纵坐标,标绘干燥曲线 $U\text{-}X_{\mathrm{Av}}$ 曲线。

6. 传热系数计算

计算恒速干燥阶段物料与空气之间对流传热系数

$$\alpha=\frac{Q}{S\times\Delta t}=\frac{U_{\mathrm{c}}\gamma t_{\mathrm{w}}\times10^{3}}{t-t_{\mathrm{w}}} \tag{2-73}$$

【思考题】

(1) 在 70~80 ℃ 的空气流中干燥物料,若经过足够长的时间能否得到绝干物料?为什么?通常要获得绝干物料可采用什么方法?

(2) 使用废气循环热对物料进行干燥作业有什么好处?

(3) 为什么操作过程中要先开风机送风后再开电热器?

第3章 环境监测实验

3.1 水中氨氮测定实验

【实验目的】

(1) 掌握用纳氏试剂比色法测定氨氮的操作方法。

(2) 了解消除水样中干扰离子的方法(水样的预处理)。

【实验原理】

氨氮的测定方法有纳氏试剂比色法、滴定法和电极法。纳氏试剂比色法具有操作简便、灵敏等特点,但水中的金属离子、硫化物、醛和酮类、颜色及混浊等干扰测定,需做相应的预处理。电极法具有不需进行预处理和测量范围宽等优点。氨氮含量较高时可采用滴定法。本次实验测定地表水的氨氮,因此可选用纳氏试剂比色法。

碘化汞和碘化钾的碱性溶液与氨反应生成淡红棕色胶态化合物,其色度与氨氮质量浓度成正比,通常可在 $410\sim425$ nm 测其吸光度,计算其质量浓度。本法最低检出浓度为 0.025 mg/L(光度法),测定上限为 2 mg/L。水样做适当的预处理后,本法可适用于地面水、地下水、工业废水和生活污水。

【仪器与试剂】

1. 仪器

(1) 分光光度计。

(2) 50 mL 容量瓶,250 mL 锥形瓶,漏斗,50 mL 比色管,1 mL 及 5 mL 移液管,50 mL 量筒。

2. 试剂

(1) 纳氏试剂:称取 160 g 氢氧化钠,溶于 500 mL 水中,充分冷却至室温。另称取 70 g 碘化钾和 100 g 碘化汞溶于水,然后将此溶液在搅拌下徐徐注入氢氧化钠溶液中,用水稀释至 1 000 mL,倒于聚乙烯瓶中,密塞保存。分装两瓶并贴上标签(注明溶液名称)。

(2) 酒石酸钾钠溶液:称取 250 g 酒石酸钾钠溶于 500 mL 水中,加热煮沸以除去氨,放冷,定容至 500 mL。分装两瓶并贴上标签(注明溶液名称)。

(3) 铵标准储备液(1 mg/mL):称取 3.819 g 经 100 ℃ 干燥过的氯化铵溶于水中,移入 1 000 mL 容量瓶中,稀释至标线。此溶液每毫升含 1 mg 氨氮。

(4) 铵标准使用液(10 mg/L):移取 15 mL 铵标准储备液于 1 500 mL 容量瓶中,用水稀释至标线。此溶液每毫升含 0.01 mg 氨氮。分装两瓶并贴上标签(注明溶液名称)。

（5）10％硫酸锌溶液：称取 10 g 硫酸锌溶于水，稀释至 100 mL。

（6）25％氢氧化钠溶液：称取 25g 氢氧化钠溶于水，稀释至 100 mL，储于聚乙烯瓶中（即塑料瓶）。

（7）硫酸，1 瓶。

【实验步骤】

1．水样预处理

测定实际水样取之南湖。采集的水样放置沉淀，然后采用中速滤纸过滤，去除颗粒物和胶体，备用。

2．校准曲线的绘制

吸取 0 mL、0.50 mL、1.00 mL、3.00 mL、5.00 mL、7.00 mL 和 10.00 mL 铵标准使用液于 50 mL 比色管中，加水至标线，加 1.0 mL 酒石酸钾钠溶液，混匀。加 1.5 mL 纳氏试剂，混匀。放置 10 min 后，在波长 420 nm 处，用光程 20 mm 比色皿，以水为参比，测定吸光度。

由测得的吸光度减去零浓度空白管的吸光度后，得到校正吸光度，绘制以氨氮质量（mg）对校正吸光度的校准曲线。

3．水样的测定

分取适量预处理后的水样（使氨氮质量不超过 0.1 mg）适量，正常为 50 mL（如取样不是 50 mL，需稀释至刻度线 50 mL），加入 50 mL 比色管中，加 1.0 mL 酒石酸钾钠溶液。加 1.5 mL 纳氏试剂，混匀。放置 10 min 后，同校准曲线步骤测量吸光度。

4．空白实验

以无氨水代替水样，作全程序空白测定（其余操作步骤同水样完全相同）。

5．计算

$$氨氮质量浓度（mg/L）＝1\,000m/V \tag{3-1}$$

式中：m 为由校准曲线上查得的氨氮质量，mg；V 为水样体积，mL（指步骤 3 中分取水样的体积，一般为 50 mL）。

由水样测得的吸光度减去空白实验的吸光度后，从校准曲线上查得氨氮质量（mg）。

【数据处理】

（1）实验数据列表。

表 3-1　氨氮标准曲线数据表

吸取铵标准使用液/mL	0	0.50	1.00	3.00	5.00	7.00	10.00	空白	待测水样
氨氮质量/mg	0	0.005	0.01	0.03	0.05	0.07	0.1	0	
吸光度	A_1	A_2	A_3	A_4	A_5	A_6	A_7	A_0	A_8
校正吸光度		A_2-A_1	A_3-A_1	A_4-A_1	A_5-A_1	A_6-A_1	A_7-A_1		A_8-A_0

（2）绘制标准曲线，以氨氮质量为横坐标，以校正吸光度为纵坐标，将 6 个点绘在坐标中，并绘制校准曲线。

（3）由待测水样的校正吸光度和校准曲线查得水样中氨氮质量。

（4）由式(3-1)计算水样氨氮质量浓度。

【注意事项】

（1）静置后生成的沉淀应除去。

（2）滤纸中含痕量铵盐，使用时注意用无氨水洗涤。

（3）采集的水样应尽快分析并储于聚乙烯瓶或玻璃瓶内，必要时加硫酸酸化至 pH 值小于 2，于 2～5 ℃下存放，以防止受到空气中氨的影响。

【思考题】

（1）测定水样氨氮时，什么时候必须对水样进行蒸馏预处理？

（2）加入酒石酸钾钠溶液的作用？

3.2　水中总氮测定实验
——碱性过硫酸钾消解紫外分光光度法(HJ 636—2012)

【实验目的】

（1）掌握总氮的测定原理和方法。

（2）了解影响总氮测定的因素。

【实验原理】

在 60 ℃以上水溶液中，过硫酸钾可分解产生硫酸氢钾和原子态氧，分解出的原子态氧在 120～124 ℃条件下，可使水样中含氮化合物的氮元素转化为硝酸盐。在此过程中有机物同时被氧化分解。本方法的检出限为 0.05 mg/L，测定范围为 0.20～4.00 mg/L。

$$K_2S_2O_8 + H_2O \longrightarrow 2KHSO_4 + 1/2O_2$$
$$KHSO_4 \longrightarrow H^+ + HSO_4^-$$
$$HSO_4^- \longrightarrow H^+ + SO_4^{2-}$$
$$OH^- + H^+ \longrightarrow H_2O$$
$$A_r = A_{220} - 2A_{275}$$

(3-2)

【仪器与试剂】

1. 仪器

所用玻璃器皿用盐酸(1+9)或硫酸(1+35)浸泡，清洗后再用无氨水冲洗数次。

(1) 紫外分光光度计:配备 10 mm 石英比色皿。

(2) 压力蒸汽灭菌器:医用手提式蒸汽灭菌器或家用压力锅(压力为 1.1～1.4 kg/cm²),温度相当于 120～124 ℃。

(3) 比色管:具玻璃磨口塞,25 mL。

2. 试剂(配制以下试剂均使用无氨水)

(1) 氢氧化钠溶液(200 g/L):称取 20 g 氢氧化钠,溶于无氨水中,稀释至 100 mL。

(2) 氢氧化钠溶液(20 g/L):将溶液(1)稀释 10 倍而得。

(3) 碱性过硫酸钾溶液:称取 40 g 过硫酸钾($K_2S_2O_8$)溶于 600 mL 水中,另称取 15 g 氢氧化钠溶于 300 mL 水中。待氢氧化钠溶液温度冷却至室温后,混合两种溶液定容至 1 000 mL,溶液存放在聚乙烯瓶内,最长可储存一周。

(4) 盐酸溶液(1+9):浓盐酸和无氨水的体积比为 1∶9。

(5) 硝酸钾标准储备液(氮含量 100 mg/L):硝酸钾(KNO_3)在 105～110 ℃电热干燥器中干燥 3 h,在干燥器中冷却后,称取 0.721 8 g,溶于无氨水中,移至 1 000 mL 容量瓶中,用无氨水稀释至标线,混匀。加入 1～2 mL 三氯甲烷作为保护剂,并在 0～10 ℃暗处保存,可稳定 6 个月。

(6) 硫酸溶液(1+35):浓硫酸和无氨水的体积比为 1∶35。

【实验步骤】

1. 样品测定

(1) 取 10 mL 试样(20～80 μg)置于比色管中,加入 5 mL 碱性过硫酸钾溶液,塞紧磨口塞用绳扎紧瓶塞,以防弹出。

(2) 将比色管置于医用手提式蒸汽灭菌器中,加热至顶压阀吹气,关阀。

(3) 使压力表指针到 1.1～1.3 kg/cm²,此时温度达 120～124 ℃后开始计时。

(4) 保持温度在 120～124 ℃ 30 min。

(5) 自然冷却、开阀放气,移去外盖,取出比色管,冷却至室温,按住管塞将比色管中的液体颠倒混匀 2～3 次。

(6) 加入(1+9)盐酸 1.0 mL。

(7) 用无氨水稀释至 25 mL 标线,盖塞混匀。

(8) 在紫外分光光度计上,以无氨水作参比,10 mm 石英比色皿,分别在波长为 220 nm 与 275 nm 处测定吸光度,并用式(3-2)计算出校正吸光度 A_r。同时作空白(10 mL 无氨水代替试样,$A_b \leqslant 0.03$)。

2. 标准曲线的测定

分别吸取(10 mg/L)硝酸钾标准溶液 0.00 mL、0.50 mL、1.00 mL、2.00 mL、3.00 mL、5.00 mL 和 7.00 mL 于 25 mL 具塞磨口玻璃比色管中,其对应的总氮(以 N 计)分别为 0.00 mg/L、0.20 mg/L、0.40 mg/L、0.80 mg/L、1.20 mg/L、2.00 mg/L 和

2.80 mg/L。加无氨水定容,直接上机测定,用差值 ΔA 与总氮 C_N 做标准曲线。计算线性回归方程。

【数据处理】

按式(3-2)计算样品的校正吸光度 A_r,减去 A_b 后在标准曲线上查出相应的总氮,乘以定容体积,得质量 m,按下式计算试样的总氮 C_N。

$$C_N = \frac{m}{V} \tag{3-3}$$

式中:m 为试样含氮量,mg;V 为试样体积,L。

【注意事项】

(1) 参考吸光度比值 $\frac{A_{275}}{A_{220}} \times 100\% < 20\%$,大于 20% 应鉴别。$\lambda 220 \sim 280$ nm,每隔 $2 \sim 5$ nm 测吸光度,在 220 nm 和 275 nm 处不应有折线出现。

(2) 玻璃具塞比色管的密合性应良好。使用压力蒸汽灭菌器时,冷却后放气要缓慢,以防开裂。

(3) 测定悬浮物较多的水样时,在过硫酸钾氧化后可能出现沉淀。遇此情况,可吸取氧化后的上清液进行测定。

(4) 使用高压蒸汽灭菌器时,应定期校核比力表。

(5) 无氨水制备为每升水中加入 0.1 mL 浓硫酸,蒸馏,收集馏出液。

【思考题】

(1) 实验的干扰离子有哪些?如何消除?若空白较高,为什么?

(2) 总氮与(硝氮＋氨氮)大小比较,若小于(硝氮＋氨氮),为什么?

(3) 查《地表水环境质量标准》(GB 3838—2002)和污水排放标准,判断试样是否超标?

3.3　水中总磷测定实验

【实验目的】

(1) 掌握钼酸铵分光光度法的测定原理。

(2) 掌握钼酸铵分光光度法测总磷的基本操作。

【实验原理】

总磷包括水溶解的、悬浮物的有机磷和无机磷。

在酸性介质中,正磷酸与钼酸铵反应,在锑盐存在下生成磷钼杂多酸后,立即被抗坏血酸还原,生成蓝色的络合物,在 700 nm 波长下有最大吸光度。本法的最低检出浓度为 0.01 mg/L,测定上限为 0.6 mg/L。

【仪器和试剂】

1. 仪器

50 mL 容量瓶 10 个,移液管 25 mL 一支,吸量管:10 mL 1 支,5 mL 2 支,1 mL 1 支。722 型分光光度计 1 台,10 mm 比色皿。

2. 试剂

(1)(1+1)硫酸。

(2)抗坏血酸:溶解 10 g 抗坏血酸($C_6H_8O_6$,化学纯)于水中,并稀释至 100 mL。此溶液储于棕色的试剂瓶中,在冷处可稳定几周。如不变色可长时间使用。

(3)钼酸盐溶液:溶解 13 g 钼酸铵[$(NH_4)_6Mo_7O_{24} \cdot 4H_2O$]于 100 mL 水中。溶解 0.35 g 酒石酸锑钾(分析纯)于 100 mL 水中,在不断搅拌下把钼酸铵溶液徐徐加到 300 mL(1+1)硫酸中,然后再加酒石酸锑钾溶液并且混合均匀。此溶液储于棕色瓶中,在冷处可保存 2 个月。

(4)磷标准储备溶液 50.0 μg/mL(P):称(0.217 9±0.000 1)g 于 110 ℃干燥 2 h 在干燥器中放冷的磷酸二氢钾(KH_2PO_4,分析纯),用水溶解后转移至 1 000 mL 容量瓶中。加入大约 800 mL 水,加 5 mL 硫酸(1+1)用水稀释至标线,摇匀。

【实验步骤】

1. 制备磷标准使用液

将 10.00 mL 的磷标准溶液移至 100 mL 容量瓶中,用水稀释至标线,混匀。浓度为 5.00 μg/mL(以 P 计)。

2. 工作曲线的绘制

取 7 支 50 mL 容量瓶分别加入 0.00 mL、1.00 mL、2.00 mL、4.00 mL、6.00 mL、8.00 mL、10.00 mL 磷标准溶液,加水至 40 mL 左右。分别加入 2 mL 钼酸盐溶液,摇匀。30 s 后加 1 mL 抗坏血酸溶液再加水至 50 mL 标线。充分混合均匀。15 min 后用 10 mm 比色皿测定。以水作参比,在 700 nm 处测定吸光度(表 3-2)。扣除空白实验的吸光度后,以校正后的吸光度对应相应磷的质量浓度做出校准工作曲线。

3. 样品的测定

配制水样品 3 份,分别取 25.00 mL 样品于 50 mL 容量瓶中,加入 2 mL 钼酸盐溶液,摇匀。30 s 后加 1 mL 抗坏血酸溶液再加水至 50 mL 标线。充分混合均匀。15 min 后用 10 mm 或 30 mm 比色皿测定。在 700 nm 处以水作参比测定吸光度,扣除空白实验的吸光度后,从工作曲线查得磷的质量浓度(表 3-3)。

【实验记录】

1. 标准曲线的绘制

表 3-2　实验数据记录及整理

测量波长：_____；标准溶液原始浓度：_____。

溶液号	吸取标液体积/mL	浓度或质量	A	A_r
0				
1				
2				
3				
4				
5				
6				

2. 水质样品的测定

表 3-3　水质样品的测定结果

平行测定次数	1	2	3
吸光度 A			
空白值 A_b			
校正吸光度 A_r			
查工作曲线表所得浓度			
原始试液浓度/$(\mu g/mL)$			
样品的测定结果/$(\mu g/L)$			
相对平均偏差/%			

【注意事项】

（1）如试样中浊度或色度影响测量吸光度时，需做补偿校正。在 50 mL 比色管中，水样定容后加入 3 mL 浊度补偿液，测量吸光度，然后从水样的吸光度中减去校正吸光度。

（2）室温低于 13 ℃时，可在 20～30 ℃水浴中实验，显色 15 min。

（3）操作所用的玻璃器皿，可用（1＋5）盐酸浸泡 2 h，或用不含磷酸盐的洗涤剂刷洗。

（4）比色皿用后应以稀硝酸或铬酸洗液浸泡片刻，以除去吸附的钼蓝呈色物。

【思考题】

(1) 总磷中包括哪些形态的磷？

(2) 当有机物和悬浮物不能用消解方法消解时对分析结果有无影响？如何解决？

(3) 本方法需要哪些显色条件？如何消除干扰？

3.4　水中六价铬测定实验

【实验目的】

(1) 了解六价铬的测定方法及工作曲线的绘制。

(2) 熟练掌握 721 型分光光度计的使用方法。

【实验原理】

铬的化合物常见价态有三价和六价。在水体中,六价铬一般以 CrO_4^{2-}、$HCr_2O_7^-$、$Cr_2O_7^{2-}$ 三种阴离子形式存在,受水体 pH、温度、氧化还原物质、有机物等因素影响,三价铬和六价铬化合物可以互相转化。铬是生物体所必需的微量元素之一。铬的毒性与其存在价态有关,六价铬具有强毒性,为致癌物质,并易被人体吸收而在体内蓄积。通常认为六价铬的毒性比三价铬大 100 倍。但是,对于鱼类来说,三价铬化合物的毒性比六价铬大。当水中六价铬质量浓度达 1 mg/L 时,水呈黄色并有涩味;三价铬质量浓度达 1 mg/L 时,水的浊度明显增加。天然水中一般不含铬;海水中铬的平均质量浓度为 0.05 μg/L;饮用水中铬的质量浓度更低。

铬的工业污染源主要来自铬矿石加工、金属表面处理、皮革鞣制、印染等行业的废水。

水中铬的测定方法主要有二苯碳酰二肼分光光度法、原子吸收分光光度法、等离子体发射光谱法和硫酸亚铁铵滴定法。分光光度法是国内外的标准方法;滴定法适用于含铬量较高的水样。本实验采用二苯碳酰二肼分光光度法测水中的铬。在酸性溶液中,六价铬离子与二苯碳酰二肼反应,生成紫红色化合物,其最大吸收波长为 540 nm,吸光度与质量浓度的关系符合比尔定律。如果测定总铬,需先用高锰酸钾将水样中的三价铬氧化为六价铬,再用本法测定。

【仪器与试剂】

1. 仪器

721 型分光光度计,250 mL 容量瓶,50 mL 具塞比色管,移液管,胶头滴管。

2. 试剂

(1) 二苯碳酰二肼(DPC)溶液:溶解 0.20 g 二苯碳酰二肼($C_{13}H_{14}N_4O$)于 100 mL 95％的乙醇中,边搅拌边加入 400 mL(1+9)硫酸溶液。存放于冰箱中,1 个月内有效。

(2) 铬标准溶液:①铬标准储备液:称取 141.4 mg 预先在 105～110 ℃烘干的重铬酸

钾溶于蒸馏水中,转入 1 000 mL 容量瓶中,定容。此溶液每毫升含有 50.0 μg 六价铬。

②铬标准使用液:移取 5.00 mL 铬标准储备液于 250 mL 容量瓶中,定容。此溶液每毫升含有 1.0 μg 六价铬。临用时配制。

(3) (1+9)硫酸。

(4) (1+1)硫酸。

(5) (1+1)磷酸。

(6) 4%高锰酸钾溶液:称取 4 g 高锰酸钾,在加热和搅拌下溶于水,稀释至 100 mL。

(7) 20%尿素溶液:将 20 g 尿素溶于水,稀释至 100 mL。

(8) 2%亚硝酸钠溶液:将 2 g 亚硝酸钠溶于水,稀释至 100 mL。

【实验步骤】

1. 标准曲线的绘制

分别移取铬标准使用液 0.00 mL、0.20 mL、0.50 mL、1.00 mL、2.00 mL、4.00 mL、6.00 mL、8.00 mL、10.00 mL 于 9 只 50 mL 的比色管中,用蒸馏水稀释至标线。向以上各管中分别加入 2.50 mL 二苯碳酰二肼溶液,混匀,放置 10 min。于 540 nm 波长处,用 3 cm 比色皿测定吸光度。以试剂空白作参比。以吸光度为纵坐标,相应六价铬质量浓度为横坐标绘出标准曲线。

2. 水样的测定

取澄清水样 50.0 mL 置于 50 mL 比色管中,若取少量水样时,需用蒸馏水稀释至 50 mL,其他操作同步骤 1。

【数据处理】

(1) 数据记录。

(2) 数据处理:

$$六价铬质量浓度(Cr^{6+}, mg/L) = 查得含铬量(μg)/水样体积(mL)$$

【注意事项】

(1) 用于测定铬的玻璃器皿不应用重铬酸钾洗液洗涤。

(2) Cr^{6+} 与显色剂的显色反应一般控制酸浓度在 0.05~0.3 mol/L($1/2H_2SO_4$),以 0.2 mol/L 时显色最好。显色前,水样应调至中性。显色温度和放置时间对显色有影响,在 15 ℃时,5~15 min 颜色即可稳定。

(3) 如测定清洁地面水样,显色剂可按以下方法配制:溶解 0.2 g 二苯碳酰肼于 100 mL 95%乙醇中,边搅拌边加入(1+9)硫酸 400 mL。该溶液在冰箱中可存放 1 个月。用此显色剂,在显色时直接加入 2.5 mL 即可,不必再加酸。但加入显色剂后,要立即摇匀,以免 Cr^{6+} 被乙酸还原。

【思考题】

(1) 测定水中六价铬时,控制酸浓度的理由是什么?

(2) 二苯碳酰二肼比色法测定溶液铬的条件有哪些?

3.5　大气中总悬浮颗粒物测定实验

【实验目的】

(1) 掌握 TH-150C 型智能中流量空气点悬浮颗粒采样器和 TH-110B 型大气采样器的使用方法。

(2) 掌握重量法测定空气中总悬浮颗粒物(TSP)的基本技术和采样方法。

【实验原理】

用重量法测定大气中总悬浮颗粒物的方法一般分为大流量($1.1\sim1.7$ m³/min)和中流量($0.05\sim0.15$ m³/min)采样法。其原理基于:以恒速抽取一定体积的空气,使之通过采样器中已恒重的滤膜,则大气中的悬浮颗粒物(TSP,粒径为 $0.1\sim100$ μm)被阻留在滤膜上。根据采样前、后滤膜质量之差及采气体积,即可计算总悬浮颗粒物的质量浓度。

本实验采用中流量采样法测定。

【仪器与试剂】

(1) 中流量采样器(0.1 m³/min)。

(2) 流量校准装置:孔口校准器。

(3) 滤膜:超细玻璃纤维滤膜或聚氯乙烯滤膜。

(4) 滤膜储存袋及储存盒。

(5) 分析天平。

(6) 恒温恒湿箱。

【实验步骤】

1. 采样器的流量校准

2. 采样

(1) 每张滤膜使用前均需用光照检查,不得使用有针孔或有任何缺陷的滤膜采样。

(2) 迅速称重在平衡室内已平衡 24 h 的滤膜,读数准确至 0.1 mg,记下滤膜的编号和重量,将其平展地放在光滑洁净的纸袋内,然后储存于盒内备用。

(3) 将已恒重的滤膜用小镊子取出,"毛面"向上,平放在采样夹的网托上,拧紧采样夹,按照规定的流量采样。记录采样时间及采样时的温度 T(K)、大气压力 P(kPa)、采样流量 Q(m³/min)、现场采样体积和标准采样体积。

（4）测定日平均浓度一般从 8:00 开始采样至第二天 8:00 结束。若大气污染严重，可用几张滤膜分别采样，合并计算日平均浓度。

（5）采样后，用镊子小心取下滤膜，使采样"毛面"朝内，以采样有效面积的长边为中线对叠好，放在恒温恒湿箱中，与空白滤膜相同的条件下平衡 24 h 后用电子天平称量，精确到 0.1 mg。

表 3-4　总悬浮颗粒物浓度测定记录

日期	时间	滤膜编号	采样温度/K	采样气压/kPa	现场采样流量/(m³/min)	标准采样体积/m³	滤膜重量/g			总悬浮颗粒物浓度/(mg/m³)
							采样前	采样后	样品重	

【数据处理】

$$总悬浮颗粒物（TSP，mg/m^3）＝W/V \qquad (3-4)$$

式中：W 为采集在滤膜上的总悬浮颗粒物质量，mg；V 为标准状态下的采样流量，m³/min。

【注意事项】

（1）由于采样流量计上表观流量与实际流量随温度、压力的不同而变化，所以采样流量计必须校正后使用。

（2）要经常检查采样头是否漏气。当滤膜上颗粒物与四周白边之间的界线模糊，表明面板密封垫密封性能不好或没有拧紧，测定值将会偏低。

（3）采样高度应高出地面 3～5 m。

【思考题】

（1）本实验的主要干扰因素有哪些？应采取哪些措施来消除它们的干扰？

（2）如何检查滤膜的完好性？

3.6　化学需氧量（COD）测定实验

【实验目的】

（1）掌握化学需氧量测定的基本原理，并熟练操作。

（2）准确处理数据。

【实验原理】

在强酸性溶液中，准确地加入过量的重铬酸钾标准溶液，用重铬酸钾将水样中的还原性物质（主要为有机物）氧化。过量的重铬酸钾以试亚铁灵作指示剂，用硫酸亚铁铵作标准溶液回滴。根据用量算出水样中还原性物质消耗氧的量,以氧的 mg/L 表示。

本方法的最低检出浓度为 50 mg/L,测定上限为 400 mg/L。

【仪器与试剂】

1. 仪器

(1) 回流装置:24 mm 或 29 mm 标准磨口的 500 mL 全玻璃回流装置。球形冷凝器,长度为 30 cm。

(2) 加热装置。

(3) 30 mL 或 50 mL 酸式滴定管,5 mL 或 10 mL 移液管,250 mL 锥形瓶,100 mL 量筒。

2. 试剂(所用蒸馏水需加入高锰酸钾重新蒸馏)

(1) 重铬酸钾标准溶液 $\left[C\left(\frac{1}{6}K_2Cr_2O_7\right)=0.25 \text{ mg/L}\right]$。

(2) 试亚铁灵指示剂。

(3) 硫酸亚铁铵标准溶液 $\{C[(NH_4)_2Fe(SO_4)_2 \cdot 6H_2O] \approx 0.1 \text{ mol/L}\}$。

(4) 硫酸-硫酸银溶液。

【实验步骤】

(1) 取 20 mL 混合均匀的水样(或适量水样稀释至 20 mL),置于 250 mL 磨口的回流锥形瓶中,准确加入 10 mL 重铬酸钾标准溶液及数粒小玻璃珠,连接磨口回流冷凝管,从冷凝管上口慢慢地加入 30 mL 硫酸-硫酸银溶液,轻轻摇动锥形瓶使溶液混匀,加热回流 30 min(至开始沸腾计时)。

(2) 冷却后,用 90 mL 水冲洗冷凝管壁,取下锥形瓶。溶液总体积不得少于 140 mL,否则因酸度太大,滴定终点不明显。

(3) 溶液再度冷却后,加 3 滴试亚铁灵指示液,用硫酸亚铁铵标准溶液滴定,溶液的颜色由黄色经蓝绿色至红褐色即为终点,记录硫酸亚铁铵标准溶液的用量。

(4) 测定水样的同时,取 20 mL 蒸馏水,按同样的步骤做空白实验。记录滴定空白时硫酸亚铁铵标准溶液的用量。

【注意事项】

(1) 对于化学需氧量高的废水样,可先取所需 1/10 的废水样或试剂于 15 mm×150 mm 硬质玻璃试管中,摇匀。加热后观察是否变成绿色,如溶液显绿色,再适当减少废水取样量,直至溶液不再变为绿色为止,从而确定废水样分析时应取用的体积。

稀释时,所取废水样不得少于 5 mL,如化学需氧量很高,则废水样应多次稀释。

(2) 对于化学需氧量小于 50 mg/L 的水样,应改用 0.025 0 mol/L 重铬酸钾标准溶液,回滴时用 0.01 mol/L 硫酸亚铁铵标准溶液。

(3) 水样加热回流后,溶液中重铬酸钾剩余量应为加入量的 1/5~1/4 为宜。

（4）每次实验时,应对硫酸亚铁铵标准溶液进行标定,室温较高时尤其应注意其浓度变化。

（5）对于混浊及悬浮物较多的水样,要注意取样的均匀性,否则会带来很大的误差。

【数据处理】

$$COD_{cr}(O_2,mg/L)=[(V_0-V_1)\times C\times 8\times 1\,000]/V \tag{3-5}$$

式中:C 为硫酸亚铁铵标准溶液的浓度,mol/L;V_0 为滴定空白时硫酸亚铁铵标准溶液用量,mL;V_1 为滴定水样时硫酸亚铁铵标准溶液用量,mL;V 为水样的体积,mL;8 为氧的摩尔质量,g/mol。

【思考题】

（1）如何进行水样预处理?

（2）五日后,溶解氧(DO)瓶中若有白色絮状物,说明什么问题? 如何处理?

（3）如何根据 BOD_5 和 COD_{cr} 的比值判断废水的可生化性?

3.7 生化需氧量(BOD)测定实验

【实验目的】

（1）了解生化需氧量(BOD_5)的含义。

（2）掌握五日培养法测定生化需氧量的基本原理。

（3）熟练掌握碘量法测定 DO 的操作技术。

（4）明确化学需氧量和生化需氧量的相关性。

【实验原理】

生化需氧量是指在规定条件下,微生物分解存在于水中的某些可氧化物质,主要是有机物质所进行的生物化学过程中消耗溶解氧的量。分别测定水样培养前的溶解氧含量和在(20 ± 1) ℃培养五天后的溶解氧含量,两者之差即为五日生化过程所消耗的氧量(BOD_5)。

【仪器与试剂】

1. 仪器

（1）恒温培养箱。

（2）5～20 L 细口玻璃瓶。

（3）1 000～2 000 mL 量筒。

（4）玻璃搅棒:棒长应比所用量筒高度长 20 cm。在棒的底端固定一个直径比量筒直径略小,并带有几个小孔的硬橡胶板。

（5）溶解氧瓶：200～300 mL，带有磨口玻璃塞并具有供水封用的钟形口。

（6）虹吸管：供分取水样和添加稀释水用。

2. 试剂

（1）磷酸盐缓冲溶液。

（2）硫酸镁溶液。

（3）氯化钙溶液。

（4）氯化铁溶液。

（5）盐酸溶液（0.5 mol/L）。

（6）氢氧化钠溶液（0.5 mol/L）。

（7）亚硫酸钠溶液 $\left[C\left(\dfrac{1}{2} Na_2 SO_3 \right) = 0.025 \ mol/L \right]$。

（8）葡萄糖-谷氨酸标准溶液。

（9）稀释水。

（10）接种液。

（11）接种稀释水。

【实验步骤】

1. 水样的预处理

（1）水样的 pH 值若不在 6.5～7.5 时，可用盐酸或氢氧化钠稀溶液调节 pH 值至近于 7，但用量不要超过水样体积的 0.5％。若水样的酸度或碱度很高，可改用高浓度的碱或酸液进行中和。

（2）水样中含有铜、铅、锌、镉、铬、砷、氰等有毒物质时，可使用经驯化的微生物接种液的稀释水进行稀释，或增大稀释倍数，以减小毒物的浓度。

（3）含有少量游离氯的水样，一般放置 1～2 h，游离氯即可消失。对于游离氯在短时间不能消散的水样，可加入亚硫酸钠溶液，以除去之。其加入量的计算方法是：取中和好的水样 100 mL，加入（1＋1）乙酸 10 mL，10％碘化钾溶液 1 mL，混匀。以淀粉溶液为指示剂，用亚硫酸钠标准溶液滴定游离碘。根据亚硫酸钠标准溶液消耗的体积及其浓度，计算水样中所需加亚硫酸钠溶液的量。

（4）从水温较低的水域中采集的水样，可能含有过饱和溶解氧，此时应将水样迅速升温至 20 ℃左右，充分振摇，以赶出过饱和的溶解氧。从水温较高的水域或废水排放口取得的水样，则应迅速使其冷却至 20 ℃左右，并充分振摇，使与空气中氧分压接近平衡。

2. 水样的测定

1）不经稀释水样的测定

溶解氧含量较高、有机物含量较少的地面水，可不经稀释，而直接以虹吸法将约 20 ℃的混匀水样转移至 2 个溶解氧瓶内，转移过程中应注意不使其产生气泡。以同样的操作使 2 个溶解氧瓶充满水样,加塞水封。立即测定其中一瓶溶解氧。将另一瓶放入培养箱中,在(20±1)℃培养 5 天后,测其溶解氧。

2) 经稀释水样的测定

稀释倍数的确定:地面水可由测得的高锰酸盐指数乘以适当的系数求出稀释倍数(表 3-5)。

表 3-5　不同高锰酸盐指数对应的系数

高锰酸盐指数/(mg/L)	系数
<5	—
5~10	0.2、0.3
10~20	0.4、0.6
>20	0.5、0.7、1.0

工业废水可由重铬酸钾法测得的 COD 值确定。通常需做三个稀释比,即使用稀释水时,由 COD 值分别乘以系数 0.075、0.15、0.225,即获得三个稀释倍数。

稀释倍数确定后按下法之一测定水样。

(1) 一般稀释法:按照选定的稀释比例,用虹吸法沿筒壁先引入部分稀释水(或接种稀释水)于 1 000 mL 量筒中,加入需要量的均匀水样,再引入稀释水(或接种稀释水)至 800 mL,用带胶板的玻璃棒小心上下搅匀。搅拌时勿使搅棒的胶板露出水面,防止产生气泡。按不经稀释水样的测定步骤,进行装瓶,测定当天溶解氧和培养 5 天后的溶解氧含量。另取 2 个溶解氧瓶,用虹吸法装满稀释水(或接种稀释水)作为空白,分别测定 5 天前、后的溶解氧含量。

(2) 直接稀释法:直接稀释法是在溶解氧瓶内直接稀释。在已知 2 个容积相同(其差小于 1 mL)的溶解氧瓶内,用虹吸法加入部分稀释水(或接种稀释水),再加入根据瓶容积和稀释比例计算出的水样量,然后引入稀释水(或接种稀释水)至刚好充满,加塞,勿留气泡于瓶内。其余操作与一般稀释法相同。

在 BOD$_5$ 测定中,一般采用叠氮化钠改良法测定溶解氧。如遇干扰物质,应根据具体情况采用其他测定法。

【注意事项】

(1) 测定一般水样的 BOD$_5$ 时,硝化作用很不明显或根本不发生。但对于生物处理池出水,则含有大量硝化细菌。因此,在测定 BOD$_5$ 时也包括了部分含氮化合物的需氧量。对于这种水样,如只需测定有机物的需氧量,应加入硝化抑制剂,如丙烯基硫脲(分析纯,C$_4$H$_8$N$_2$S)等。

(2) 在两个或三个稀释比的样品中,凡消耗溶解氧大于 2 mg/L 和剩余溶解氧大于 1 mg/L 都有效,计算结果时应取平均值。

(3) 为检查稀释水和接种液的质量,以及化验人员操作技术,可将 20 mL 葡萄糖-谷氨酸标准溶液用接种稀释水稀释至 1 000 mL,测其 BOD_5,其结果应在 180~230 mg/L。否则,应检查接种液、稀释水或操作技术是否存在问题。

【数据处理】

1. 不经稀释直接培养的水样

$$BOD_5 = c_1 - c_2 \tag{3-6}$$

式中:c_1 为水样在培养前的溶解氧浓度,mg/L;c_2 为水样经 5 天培养后,剩余溶解氧浓度,mg/L。

2. 经稀释后培养的水样

$$BOD_5 = \frac{(c_1 - c_2) - (B_1 - B_2)f_1}{f_2} \tag{3-7}$$

式中:B_1 为稀释水(或接种稀释水)在培养前的溶解氧浓度,mg/L;B_2 为稀释水(或接种稀释水)在经 5 天培养后的溶解氧浓度,mg/L;f_1 为稀释水(或接种稀释水)在培养液中所占比例;f_2 为水样在培养液中所占比例。

【思考题】

(1) 为什么需要做空白实验?

(2) 化学需氧量测定时,有什么影响因素?

(3) COD_{Cr} 和 BOD_5 有什么联系和区别?对同一个样品,它们的值有什么差别?

3.8　水中总大肠菌群的测定实验——多管发酵法

【实验目的】

(1) 了解饮用水和水源水大肠菌群的原理和意义。

(2) 学习检测水中大肠菌群的方法。

【实验原理】

总大肠菌群可用多管发酵法或滤膜法检验。多管发酵法的原理是根据大肠菌群细菌能发酵乳糖、产酸产气,以及具备革兰氏染色阴性、无芽孢、呈杆状等有关特性,通过三个步骤进行检验求得水样中的总大肠菌群数。实验结果以最可能数(most probable number,MPN)表示。

【仪器与试剂】

1. 仪器

(1) 高压蒸汽灭菌器。

(2) 恒温培养箱、冰箱。

　　(3) 生物显微镜、载玻片。

　　(4) 酒精灯、镍铬丝接种棒。

　　(5) 培养皿(直径 100 mm)、试管(5 mm×150 mm)、吸管(1 mL、5 mL、10 mL)、烧杯(200 mL、500 mL、2 000 mL)、锥形瓶(500 mL、1 000 mL)、采样瓶。

2. 培养基及染色剂的制备

1) 乳糖蛋白胨培养液

将 10 g 蛋白胨、3 g 牛肉膏、5 g 乳糖和 5 g 氯化钠加热溶解于 1 000 mL 蒸馏水中,调节溶液 pH 值为 7.2～7.4,再加入 1.6%溴甲酚紫乙醇溶液 1 mL,充分混匀,分装于试管中,于 121 ℃高压蒸汽灭菌器中灭菌 15 min,储存于冷暗处备用。

2) 三倍浓缩乳糖蛋白胨培养液

按上述乳糖蛋白胨培养液的制备方法配制。除蒸馏水外,各组分用量增加至三倍。

3) 品红亚硫酸钠培养基

储备培养基的制备:于 2 000 mL 烧杯中,先将 20～30 g 琼脂加到 900 mL 蒸馏水中,加热溶解,然后加入 3.5 g 磷酸氢二钾及 10 g 蛋白胨,混匀,使其溶解,再用蒸馏水补充到 1 000 mL,调节溶液 pH 值至 7.2～7.4。趁热用脱脂棉或绒布过滤,再加 10 g 乳糖,混匀,定量分装于 250 或 500 mL 锥形瓶内,置于高压蒸汽灭菌器中,在 121 ℃灭菌 15 min,储存于冷暗处备用。

平皿培养基的制备:将上法制备的储备培养基加热融化。根据锥形瓶内培养基的容量,用灭菌吸管按比例吸取一定量的 5%碱性品红乙醇溶液,置于灭菌试管中;再按比例称取无水亚硫酸钠,置于另一灭菌空试管内,加灭菌水少许使其溶解,再置于沸水浴中煮沸 10 min(灭菌)。用灭菌吸管吸取已灭菌的亚硫酸钠溶液,滴加于碱性品红乙醇溶液内至深红色再退至淡红色为止(不宜加多)。将此混合液全部加入已融化的储备培养基内,并充分混匀(防止产生气泡)。立即将此培养基适量(约 15 mL)倾入已灭菌的平皿内,待冷却凝固后,置于冰箱内备用,但保存时间不宜超过两周。如培养基已由淡红色变成深红色,则不能再用。

4) 伊红亚甲蓝培养基

储备培养基的制备:于 2 000 mL 烧杯中,先将 20～30 g 琼脂加到 900 mL 蒸馏水中,加热溶解。再加入 2 g 磷酸二氢钾及 10 g 蛋白胨,混合使之溶解,用蒸馏水补充至 1 000 mL,调节溶液 pH 值至 7.2～7.4。趁热用脱脂棉或绒布过滤,再加入 10 g 乳糖,混匀后定量分装于 250 mL 或 500 mL 锥形瓶内,于 121 ℃高压蒸汽灭菌 15 min,储于冷暗处备用。

平皿培养基的制备:将上述制备的储备培养基融化。根据锥形瓶内培养基的容量,用灭菌吸管按比例分别吸取一定量已灭菌的 2%伊红水溶液(0.4 g 伊红溶于 20 mL 水中)和一定量已灭菌的 0.5%伊红亚甲蓝水溶液(0.065 g 伊红亚甲蓝溶于 13 mL 水中),加入已融化的储备培养基内,并充分混匀(防止产生气泡),立即将此培养基适量倾入已灭菌的空平皿内,待冷却凝固后,置于冰箱内备用。

5）革兰氏染色剂

结晶紫染色液：将 20 mL 结晶紫乙醇饱和溶液（称取 4～8 g 结晶紫溶于 100 mL 95％乙醇中）和 80 mL 1％草酸铵溶液混合、过滤。该溶液放置过久会产生沉淀，不能再用。

助染剂：将 1 g 碘与 2 g 碘化钾混合后，加入少许蒸馏水，充分振荡，待完全溶解后，用蒸馏水补充至 300 mL。此溶液两周内有效。当溶液由棕黄色变为淡黄色时，不能再用。为易于储备，可将上述碘与碘化钾溶于 30 mL 蒸馏水中，临用前再加水稀释。

脱色剂：95％乙醇。

复染剂：将 0.25 g 沙黄加到 10 mL 95％乙醇中，待完全溶解后，加 90 mL 蒸馏水。

【实验步骤】

1. 生活饮用水

1）初发酵实验

在 2 个装有已灭菌的 50 mL 三倍浓缩乳糖蛋白胨培养液的大试管或烧瓶中（内有倒管），以无菌操作各加入已充分混匀的水样 100 mL。在 10 支装有已灭菌的 5 mL 三倍浓缩乳糖蛋白胨培养液的试管中（内有倒管），以无菌操作加入充分混匀的水样 10 mL，混匀后置于 37 ℃恒温箱内培养 24 h。

2）平板分离

上述各发酵管经培养 24 h 后，将产酸、产气及只产酸的发酵管分别接种于伊红亚甲蓝培养基或品红亚硫酸钠培养基上，置于 37 ℃恒温箱内培养 24 h，挑选符合下列特征的菌落。

（1）伊红亚甲蓝培养基上：深紫黑色，具有金属光泽的菌落；紫黑色，不带或略带金属光泽的菌落；淡紫红色，中心色较深的菌落。

（2）品红亚硫酸钠培养基上：紫红色，具有金属光泽的菌落；深红色，不带或略带金属光泽的菌落；淡红色，中心色较深的菌落。

3）取有上述特征的群落进行革兰氏染色

（1）用已培养 18～24 h 的培养物涂片，涂层要薄。

（2）将涂片在火焰上加热固定，待冷却后滴加结晶紫溶液，1 min 后用水洗去。

（3）滴加助染剂，1 min 后用水洗去。

（4）滴加脱色剂，摇动玻片，直至无紫色脱落为止（约 20～30 s），用水洗去。

（5）滴加复染剂，1 min 后用水洗去，晾干、镜检，呈紫色者为革兰氏阳性菌，呈红色者为阴性菌。

4）复发酵实验

上述涂片镜检的菌落如为革兰氏阴性无芽孢的杆菌，则挑选该菌落的另一部分接种于装有普通浓度乳糖蛋白胨培养液的试管中（内有倒管），每管可接种分离自同一初发酵管（瓶）的最典型菌落 1～3 个，然后置于 37 ℃恒温箱中培养 24 h，有产酸、产气者（不论倒管内气体多少皆作为产气论），即证实有大肠菌群存在。根据证实有大肠菌群存在的阳性管（瓶）数查 GB 4789.3—2010 中的"大肠菌群检数表"，报告每升水样中的大肠菌群数。

2. 水源水

（1）于各装有 5 mL 三倍浓缩乳糖蛋白胨培养液的 5 个试管中（内有倒管），分别加入 10 mL 水样；于各装有 10 mL 乳糖蛋白胨培养液的 5 个试管中（内有倒管），分别加入 1 mL 水样；再于各装有 10 mL 乳糖蛋白胨培养液的 5 个试管中（内有倒管），分别加入 1 mL 1∶10 稀释的水样。共计 15 管，三个稀释度。将各管充分混匀，置于 37 ℃恒温箱内培养 24 h。

（2）平板分离和复发酵实验的检验步骤同"生活饮用水"检验方法。

【注意事项】

（1）加入水样时，先将培养管管口用酒精灯消毒一次，加入水样后再用酒精灯消毒一次，封口。

（2）注意正确投放发酵倒管，接种前小倒管中不可有气泡。

（3）注意控制革兰氏染色的脱色时间。

【数据处理】

根据证实总大肠菌群存在的阳性管数，查 GB 4789.3—2010 中的"最可能数（MPN）表"，即求得每 100 mL 水样中存在的总大肠菌群数。我国目前系以 1L 为报告单位，故 MPN 值再乘以 10，即为 1L 水样中的总大肠菌群数。

例如，某水样接种 10 mL 的 5 管均为阳性；接种 1 mL 的 5 管中有 2 管为阳性；接种 1∶10 的水样 1 mL 的 5 管均为阴性。从"最可能数（MPN）表"中查检验结果，得知 100 mL 水样中的总大肠菌群数为 49 个，故 1L 水样中的总大肠菌群数为 49×10＝490 个。

对污染严重的地表水和废水，初发酵实验的接种水样应作 1∶10、1∶100、1∶1 000 或更高倍数的稀释，检验步骤同"水源水"检验方法。

如果接种的水样量不是 10 mL、1 mL 和 0.1 mL，而是较低或较高的三个浓度的水样量，也可查表求得 MPN 指数，再经公式换算成每 100 mL 的 MPN 值。

【思考题】

（1）为什么要选择大肠菌群作为水源被肠道病原菌污染的指示菌？

（2）假如水中有大量的致病菌——霍乱弧菌，用多管发酵技术检查大肠菌群，能否得到阴性结果？为什么？

第4章 水污染控制工程实验

4.1 颗粒自由沉淀实验

【实验目的】

(1) 通过实验加深对自由沉淀的概念、特点、规律的理解。

(2) 掌握颗粒自由沉淀实验方法,并能对实验数据进行分析、整理、计算。

【实验原理】

颗粒的自由沉淀指的是颗粒在沉淀的过程中,颗粒之间不互相干扰、碰撞,呈单颗粒状态,各自独立完成的沉淀过程。自由沉淀有两个含义:①颗粒沉淀过程中不受器壁干扰影响;②颗粒沉降时,不受其他颗粒的影响。当颗粒与器壁的距离大于 $50d$(d 为颗粒的直径)时就不受器壁的干扰。当污泥质量浓度小于 5 000 mg/L 时就可假设颗粒之间不会产生干扰。

颗粒在沉砂池中的沉淀以及低浓度污水在初沉池中的沉降过程均是自由沉淀。自由沉淀过程可以由斯托克斯(Stokes)公式进行描述,即

$$u = \frac{1}{18} \frac{\rho_g - \rho}{\mu} g d^2 \qquad (4-1)$$

式中:u 为颗粒的沉速;ρ_g 为颗粒的密度;ρ 为液体的密度;μ 为液体的黏滞系数;g 为重力加速度;d 为颗粒的直径。

但由于水中颗粒的复杂性,公式中的一些参数(如粒径、密度等)很难准确确定。因而对沉淀的效果、特性的研究,通常要通过沉淀实验来实现。实验可以在沉淀柱中进行,方法如下。

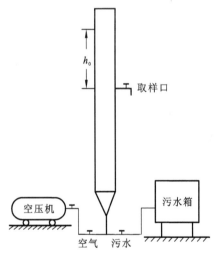

图 4-1 沉淀柱示意图

取一定直径、一定高度的沉淀柱,在沉淀柱中下部设有取样口,如图 4-1 所示,将已知悬浮物浓度 C_0 的水样注入沉淀柱,取样口上水深(即取样口与液面间的高度)为 h_0,在搅拌均匀后开始沉淀实验,并开始计时,经沉淀时间 $t_1, t_2, \cdots, t_i$,从取样口取一定体积水样,分别记下取样口高度 h,分析各水样的悬浮物质量浓度 $c_1, c_2, \cdots, c_i$,从而通过公式计算颗粒的去除百分率:

$$\eta = \frac{c_0 - c_i}{c_0} \times 100\% \qquad (4-2)$$

式中:η 为颗粒的去除百分率;c_0 为原水悬浮物的质量浓度,mg/L;c_i 为 t_i 时刻悬浮物质量浓度,mg/L。

同时计算

$$p=\frac{c_i}{c_0}\times100\%\qquad(4-3)$$

式中：p 为悬浮颗粒剩余百分数。

通过下式计算沉淀速率，即

$$u=\frac{h_0\times10}{t_i\times60}\qquad(4-4)$$

式中：u 为沉淀速率，mm/s；h_0 为取样口高度，cm；t_i 为沉淀时间，min。

【实验仪器】

（1）沉淀装置（沉淀柱、污水箱、空压机）。

（2）计时用秒表。

（3）分析天平（1/10 000，1 台）。

（4）恒温烘箱。

（5）干燥器。

（6）具塞称量瓶（40 mm×70 mm，10 个）。

（7）量筒（100 mL，10 个）。

（8）定量滤纸。

（9）漏斗（10 个）。

（10）漏斗架（2 个）。

（11）水样（可选用生产污水、工业废水，也可用活化污泥或粗硅薄土自行配制）。

【实验步骤】

（1）将水样注入沉淀柱，并用空压机向沉淀柱中压缩空气将水样搅拌均匀。

（2）用量筒取样 100 mL，测量原水悬浮物质量浓度并记录为 c_0。

（3）用秒表开始计时，当时间为 1 min、5 min、10 min，15 min、20 min、40 min、60 min、90 min 时，在取样口取出 100 mL 水样，在每次取样后（或取样前）读出取样口上水面高度 h。

（4）测出每次水样的悬浮物质量浓度（重量法，GB 11901—89）

（5）记录实验原始数据，将数据填入表 4-1 中。

表 4-1　颗粒自由沉淀实验记录

静沉时间/min	称量瓶号	滤纸/g	取样体积/mL	（滤纸＋悬浮物）质量/g	水样中悬浮物质量/g	悬浮物质量浓度/(mg/L)	取样口高度/cm
0（初始）							
1							
5							

静沉时间/min	称量瓶号	滤纸/g	取样体积/mL	(滤纸＋悬浮物)质量/g	水样中悬浮物质量/g	悬浮物质量浓度/(mg/L)	取样口高度/cm
10							
15							
20							
40							
60							
90							

【注意事项】

（1）每从管中取一次水样,管中水面就要下降一定高度,所以,在求沉淀速度时要按实际的取样口上水面高度来计算,为了尽量减少由此产生的误差,使数据更可靠,尽量选用较大断面面积的沉淀柱。

（2）实际上,在经过时间 t_i 后,取样口上 h 高水深内颗粒沉到取样口下,应由两个部分组成,即:①$u \geqslant u_0 (= h/t_i)$ 的颗粒,经时间 t_i 后将全部被去除,而 h 高水深内不再包含 $u \geqslant u_0$ 这部分颗粒;②除此之外,$u < u_0$ 的颗粒也会有一部分颗粒经时间 t_i 后沉淀到取样口以下,这是因为 $u < u_0$ 的颗粒并不都是在水面,而是均匀地分布在高度为 h 的水深内,因此,只要它们沉淀到取样口以下所用的时间小于或等于具有 u_0 沉速颗粒所用的时间,在时间 t_i 内它们就可以被去除。但是以上实验方法并未包含 $u < u_0$ 颗粒中被去除的部分,所以存在一定误差。

（3）从取样口取出水样测得的悬浮物质量浓度 $c_1, c_2, \cdots, c_i$ 等,只表示取样口断面处原水经沉淀时间 $t_1, t_2, \cdots, t_i$ 后的悬浮物质量浓度,而不代表整个 h 水深中经相应沉淀时间后的悬浮物质量浓度。

【数据处理】

（1）计算悬浮物去除率 η、剩余率 p 及沉淀速度 u,并将数据填入表 4-2。

（2）绘制 η-T（去除率-沉淀时间）、η-u（去除率-沉淀速度）、p-u（剩余率-沉淀速度）曲线（图 4-2）。

表 4-2　悬浮物去除率、剩余率及沉淀速度数据

静沉时间/min	悬浮物去除率 η/%	悬浮物剩余率 p/%	沉淀速度 u/(mm/s)
1			
5			
10			
15			

静沉时间/min	悬浮物去除率 η/%	悬浮物剩余率 p/%	沉淀速度 u/(mm/s)
20			
40			
60			
90			

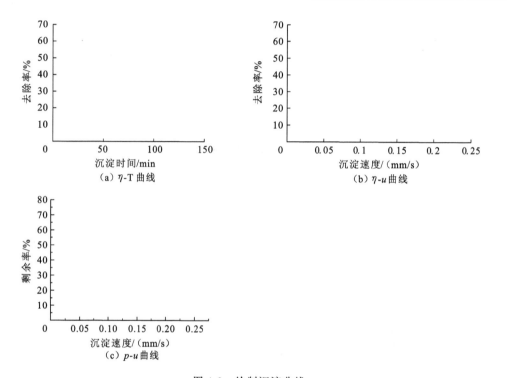

图 4-2　绘制沉淀曲线

【思考题】

（1）自由沉淀中颗粒沉淀特征与絮凝沉淀有什么区别？

（2）试述理想沉淀池中最小沉速与沉淀池表面负荷率之间的关系。

（3）绘制自由沉淀曲线有何实际意义？

4.2　混凝沉淀实验

【实验目的】

（1）通过实验观察混凝现象，加深对混凝机理的理解。

（2）选择和确定最佳混凝条件。

（3）了解影响混凝效果的相关因素。

【实验原理】

混凝沉淀法所处理的对象,主要是水中细小悬浮物和胶体杂质。混凝过程的完善程度对后续处理,如沉淀、过滤影响很大,所以,混凝沉淀法是水处理工艺中十分重要的一个环节。天然水中存在大量悬浮物,悬浮物的形态是不同的,有些大颗粒悬浮物可在自身重力作用下沉降;而另一种是胶体颗粒,是使水产生浑浊的一个重要原因,胶体颗粒靠自然沉淀无法去除。因为,水中的胶体颗粒主要是带负电的黏土颗粒,胶粒间的静电斥力、胶粒的布朗运动及胶粒表面的水化作用,使胶粒具有分散稳定性,三者中以静电斥力影响最大。向水中投加混凝剂能提供大量的正离子,压缩胶团的扩散层,使 ζ 电位降低,静电斥力减小。此时,布朗运动由稳定因素转变为不稳定因素,也有利于胶粒的吸附凝聚。水化膜中的水分子与胶粒有固定联系,具有弹性较高的黏度,把这些水分子排挤出去需要克服特殊的阻力,这种阻力阻碍胶粒直接接触,有些水化膜的存在决定于双电层状态。若投加混凝剂降低 ζ 电位,有可能使水化作用减弱,混凝剂水解后形成的高分子物质(直接加入水中的高分子物质一般具有链状结构),在胶粒与胶粒间起吸附架桥作用,即使 ζ 电位没有降低或降低不多、胶粒不能相互接触,通过高分子链状物吸附胶粒,也能形成絮凝体。

消除或降低胶体颗粒稳定因素的过程称为脱稳。脱稳后的胶粒,在一定的水力条件下,才能形成较大的絮凝体,俗称矾花。直径较大且较密实的矾花容易下沉。

自投加混凝剂直至形成较大矾花的过程称为混凝。混凝离不开混凝剂。混凝过程见表 4-3。

表 4-3　混凝过程

阶段	凝聚			絮凝
过程	混合	脱稳		异向絮凝为主	同向絮凝为主
作用动力	药剂扩散 质量迁移	混凝剂水解 溶解平衡	杂质胶体脱稳 各种脱稳机理	脱稳胶体聚集 分子热运动	微絮凝体的进一步碰撞聚集 液体流动的能量消耗
处理构筑物	混合设备			反应设备	
胶体状态	原始胶体	脱稳胶体		微絮凝胶	矾花
胶体粒状	$0.1 \sim 0.001 \, \mu m$			约 $5 \sim 10 \, \mu m$	$0.5 \sim 2 \, mm$

由于布朗运动造成的颗粒碰撞絮凝,称为"异向絮凝";由机械运动或液体流动造成的颗粒碰撞絮凝,称为"同向絮凝"。

从胶体颗粒变成较大的矾花是一个连续的过程,为了研究的方便可划分为混合和反应两个阶段。混合阶段要求浑水和混凝剂快速均匀混合,一般说来,该阶段只能产生用眼睛难以看见的微絮凝体;反应阶段则要求将微絮凝体形成较密实的大粒径矾花。

混凝过程最关键的是确定最佳工艺条件,因混凝剂的种类较多,例如,有机混凝剂、无机混凝剂、人工合成混凝剂(阴离子型、阳离子型、非离子型)、天然高分子混凝剂

（淀粉、树胶、动物胶）等，所以，混凝条件也很难确定；要选定某种混凝剂的投加量，还要考虑 pH 值的影响，如 pH 值过低（＜4）则所投的混凝剂的水解受限制，其主要产物中没有足够的羟基（—OH）进行桥联作用，也就不容易生成高分子物质，絮凝作用较差；如果 pH 值过高（＞9），混凝剂又会出现溶解生成带负电荷的络合离子而不能很好发挥混凝作用的情况。

　　另外，加了混凝剂的胶体颗粒，在逐步形成大的絮凝体过程中，会受到一些外界因素影响，如水流速度（搅拌速度）、pH 值及沉淀时间等，所以，相关因素也需要加以考虑。由于实验条件有限，在此，仅考虑混凝剂的投加量和 pH 值的影响。

【仪器及试剂】

1. 仪器

（1）六联搅拌机 1 台。

（2）烧杯（1 000 mL、500 mL、200 mL 各 6 个）。

（3）100 mL 注射器 2 个，移取沉淀水上清液。

（4）吸耳球 1 个，配合移液管移药用。

（5）移液管（1 mL、2 mL、5 mL、10 mL 各 1 根）。

（6）温度计 1 支。

（7）1 000 mL 量筒 1 个，量原水体积。

（8）1‰硫酸铝（或其他混凝剂）溶液 1 瓶。

（9）酸度计 1 台。

（10）浊度计 1 台。

（11）注射针筒（50 mL，1 支）。

2. 试剂

（1）硫酸铝 $Al_2(SO_4)_3 \cdot 18H_2O$。

（2）聚合氯化铝（PAC）。

（3）盐酸 HCl（1 mol/L）。

（4）氢氧化钠 NaOH（1 mol/L）。

【实验步骤及记录】

1. 确定混凝剂的最佳投量

（1）测原水水温、浊度及 pH。

（2）用 1 000 mL 量筒量取 6 个水样至 1 000 mL 烧杯中。

（3）设最小投药量和最大投药量，利用均分法确定其他四个水样的混凝剂投加量。

（4）将水样置于搅拌机中，开动机器，调整转速，中速运转数分钟，同时将计算好的投药量，用移液管分别移取至加药试管中。加药试管中药液少时，可掺入蒸馏水，以减小药液留在试管上产生的误差。

（5）将搅拌机快速运转（300～500 r/min，但不要超过搅拌机最高允许转速），待转速稳定后，将药液加入水样烧杯中，同时开始记录，快速搅拌 30 s。

（6）30 s 后，迅速将转速调到中速运转（120 r/min）。然后用少量（数毫升）蒸馏水洗加药试管，并将这些水加到水样杯中。搅拌 5 min 后，迅速将转速调至慢速（80 r/min）搅拌 10 min。

（7）搅拌过程中，注意观察并记录矾花形成的过程、矾花外观、大小、密实程度等，并记录于表 4-4 中。

表 4-4　观察记录

实验组号	观察记录		小结
	水样编号	矾花形成及沉淀过程的描述	
1	1		
	2		
	3		
	4		
	5		
	6		

（8）搅拌过程完成后，停机，静沉 15 min，观察、记录矾花沉淀的过程。

（9）每一组 6 个水样，静沉 15 min 后，用注射器每次吸取水样中上清液（够测浊度即可），置于 6 个洗净的 200 mL 烧杯中，测浊度，每个水样测 3 次，记录于表 4-5 中。

（10）比较实验结果。根据 6 个水样所分别测得的剩余浊度，以及水样混凝沉淀时所观察到的现象，对最佳投药量的所在区间做出判断。

（11）以投药量为横坐标，以剩余浊度为纵坐标，绘制投药量-剩余浊度曲线，从曲线上可求得不大于某一剩余浊度的最佳投药量值。

表 4-5　　混凝剂最佳投加量的选择

水样编号		1	2	3	4	5	6
混凝剂投加量/mL							
剩余浊度/（°）	1						
	2						
	3						
	平均						

2. 最佳 pH 值的影响

（1）用 1 000 mL 量筒量取 6 个水样至 1 000 mL 烧杯中，将装有水样的烧杯置于混凝仪上。

（2）调整原水 pH 值分别为 2，4，6，8，10，12。

（3）启动搅拌机，快速搅拌 30 s，随后停机，依次用 pH 计测定各水样的 pH 值，记录于表 4-7 中。

（4）用移液管移取相同剂量的混凝剂到加药试管中，投加量由步骤 1 确定。

（5）将搅拌机快速运转（300～500 r/min，但不要超过搅拌机最高允许转速），待转速稳定后，将药液加入水样烧杯中，同时开始记录，快速搅拌 30 s。

（6）30 s 后，迅速将转速调到中速运转（120 r/min）。然后用少量（数毫升）蒸馏水洗加药试管，并将这些水加到水样杯中。搅拌 5 min 后，迅速将转速调至慢速（80 r/min）搅拌 10 min，停机。

（7）搅拌过程中，注意观察并记录矾花形成的过程、矾花外观、大小、密实程度等，并记录于表 4-6。

表 4-6　观察记录

实验组号	观察记录		小结
	水样编号	矾花形成及沉淀过程的描述	
2	1		
	2		
	3		
	4		
	5		
	6		

（8）静置 15 min，用 50 mL 注射针筒抽出烧杯中的上清液，放入 200 mL 烧杯中，同时用浊度仪测定剩余水的浊度，每个水样测 3 次，记录于表 4-7 中。

（9）比较实验结果。根据 6 个水样所分别测得的剩余浊度，以及水样混凝沉淀时所观察到的现象，对最佳 pH 值的所在区间，做出判断。

（10）以投药量为横坐标，以剩余浊度为纵坐标，绘制投药量-剩余浊度曲线，从曲线上可求得不大于某一剩余浊度的最佳投药量值。

表 4-7　pH 最佳值的选择

水样编号		1	2	3	4	5	6
pH 值							
混凝剂投加量/mL							
剩余浊度/(°)	1						
	2						
	3						
	平均						

【注意事项】

（1）取水样时，所取水样要搅拌均匀，要一次量取以尽量减少所取水样浓度上的差别。

（2）移取烧杯中沉淀水上清液时，要在相同条件下取上清液，避免把沉下去的矾花搅起来。

【思考题】

（1）混凝沉淀法处理的对象主要是水中哪些污染物质？

（2）据实验结果以及实验中所观察到的现象，简述影响混凝的几个主要因素。

4.3　活性炭吸附实验

【实验目的】

（1）通过实验了解活性炭的吸附工艺及性能，并熟悉整个实验过程的操作。

（2）掌握用"间歇"法确定活性炭处理污水的设计参数的方法。

【实验原理】

活性炭吸附是目前国内外应用比较多的一种水处理方法。由于活性炭对水中大部分污染物都有较好的吸附作用，因此，活性炭吸附应用于水处理时往往具有出水水质稳定，适用于多种污水的优点。活性炭吸附常用来处理某些工业废水，在某些特殊情况下也用于给水处理。

活性炭吸附利用活性炭的固体表面对水中一种或多种物质的吸附作用，达到净化水质的目的。活性炭的吸附作用产生于两个方面，一是物理吸附，指的是活性炭表面的分子受到不平衡的力，而使其他分子吸附于其表面上；另一个是化学吸附，指的是活性炭与被吸附物质之间的化学作用。活性炭的吸附是上述两种吸附综合作用的结果。当活性炭在溶液中的吸附和脱附处于动态平衡状态时称为吸附平衡，此时，被吸附物质的溶液中的浓度和在活性炭表面的浓度均不再变化，而此时被吸附物质在溶液中的浓度称为平衡浓度，活性炭的吸附能力以吸附量 q 表示，即

$$q = V(C_0 - C)/M \tag{4-6}$$

式中：q 为活性炭吸附量，即单位质量的吸附剂所吸附的物质量，mg/g；V 为污水体积，L；C_0，C 分别为吸附前原水及吸附平衡时污水中物质的质量浓度，mg/L；M 为活性炭投加量，g。

在温度一定的条件下，活性炭的吸附量 q 与吸附平衡时的质量浓度 C 之间关系曲线称为吸附等温线。在水处理工艺中，通常用弗罗因德利希（Freundlich）吸附等温线来表示活性炭吸附性能。其数学表达式为

$$q = K \cdot C^{1/n} \tag{4-7}$$

式中：K 为与吸附比表面积、温度有关的系数；n 为与温度有关的常数；q 为活性炭吸附量，mg/g；C 为吸附平衡时污水中物质的质量浓度，mg/L。

K,n 求法是通过间歇式活性炭吸附实验测得 q,C 相应值，将上式取对数后变换为

$$\lg q = \lg K + \frac{\lg C}{n} \tag{4-8}$$

以 $\lg q$ 为纵坐标，$\lg C$ 为横坐标作图，所得直线斜率为 $1/n$，截距为 $\lg K$。

【实验仪器】

(1) 气浴恒温振荡器。

(2) 粉末活性炭。

(3) 三角烧杯(500 mL,6 个)。

(4) 分光光度计。

(5) 抽滤装置 1 套。

(6) pH 计 1 台。

(7) 10 mL 容量瓶 5 只。

(8) 滤膜。

【实验步骤】

1. 亚甲基蓝(MB)校准曲线的测定

(1) 配制浓度为 10 mg/L 的 MB 标准溶液。

(2) 分别取 0 mL、1 mL、2 mL、3 mL、4 mL、5 mL MB 标准溶液用去离子水稀释至 10 mL，于 665 nm 处测定吸光度。

2. 活性炭吸附实验

(1) 将活性炭用蒸馏水洗涤，然后在 105 ℃烘箱内烘 24 h，再将烘干的活性炭研碎成能通过 270 目筛子(0.053 mm 孔眼)的粉状炭。

(2) 以染料废水为研究对象，测定预先配制的染料废水浓度(分光光度法)。

(3) 在 5 个三角烧瓶中分别放入 50 mg、100 mg、200 mg、350 mg、500 mg 粉状活性炭。

(4) 在每个烧杯中分别加入同体积(200 mL)的废水进行搅拌。

(5) 测定水温及 pH 值。将上述 5 个三角烧杯放在振荡器上振荡，当达到吸附平衡时即可停止振荡(振荡时间为 1 h)。

(6) 取各三角烧杯中废水过滤分离，并测定上清液吸光度，计算浓度。

【数据处理】

1. 亚甲基蓝(MB)校准曲线

(1) 将实验结果填入表 4-8。

表 4-8　MB 校准曲线实验结果

编号	MB 标液浓度 /(mg/L)	MB 标液用量 /mL	稀释后体积 /mL	MB 浓度 /(mg/L)	吸光度
1	—	0	—	0	0
2					
3					
4					
5					
6					

（2）以吸光度为横坐标，MB 浓度为纵坐标作图，得到亚甲基蓝（MB）校准曲线。

（3）写出亚甲基蓝（MB）的校准方程

$$y = aX + b$$

式中：y 为 MB 浓度，mg/L；X 为吸光度。

2. 间歇式吸附实验

（1）把各三角烧杯中过滤后水测定结果填入表 4-9 中。

（2）以平衡浓度 C_e 为横坐标，吸附量 q 为纵坐标，作等温吸附曲线。

（3）以 $\lg q$ 为纵坐标，$\lg C_e$ 为横坐标作弗罗因德利希吸附等温线性图，该线的截距为 $\lg K$，斜率为 $1/n$，将结果填入表 4-10。

（4）求出 K，n 值代入弗罗因德利希吸附等温线.

表 4-9　活性炭吸附实验记录

编号	1	2	3	4	5	6
原液浓度/(mg/L)	—					
原液体积/mL	—					
活性炭投加量/g	0					
平衡溶液吸光度	0					
平衡溶液浓度 C_e/(mg/L)	0					
吸附量/(mg/g)	0					

表 4-10　实验结果

吸附条件	温度	
	pH 值	
结果	K	
	$1/n$	
	$q = K \cdot C^{1/n}$	
	标准误差 R^2	

【注意事项】

吸附实验用染料废水的浓度设置要合理。

【思考题】

(1) 吸附等温线有什么现实意义？

(2) 影响吸附量的因素有哪些？

(3) 吸附机理有哪几种？

4.4　离子交换树脂的鉴定及交换容量测定实验

【实验目的】

(1) 加深离子交换基本理论及特性的理解。

(2) 了解离子交换树脂的类型，并掌握树脂类型的鉴别方法。

(3) 学会离子交换树脂总交换容量及工作交换容量的测定。

【实验原理】

离子交换可以算是一类特殊的固体吸附过程，它是由离子交换剂在电解质溶液中进行的。一般的离子交换树脂是一种不溶于水的固体颗粒状物质，是人工合成的有机高分子电解质凝胶，其骨架是由高分子电解质和横键交联物质组成的不规则的空间网状物(图 4-3)，上面结合着相当数量的活性离子交换集团，它能够从电解质溶液中吸附某种阳离子或者阴离子，而把本身所含的另外一种相同电性符号的离子等量地交换，释放到溶液中去。这就是离子交换树脂所具有的特性。

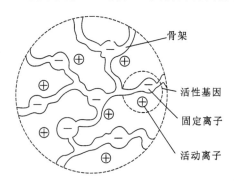

图 4-3　离子交换树脂结构示意图

离子交换树脂按照所交换离子的种类可分为阳离子交换树脂和阴离子交换树脂两种。

离子交换树脂按照其离子基团的性质可分为以下两种。

(1) 阳离子交换树脂呈酸性，可分为强酸型($R—SO_3^-—H^+$)、弱酸型($R—COO^-H^+$)。离子交换树脂可用化学反应式表示：

强酸型

$$R—SO_3H + NaCl \Longrightarrow R—SO_3Na + HCl$$

$$R(—SO_3Na)_2 + Ca(HCO_3)_2 \Longrightarrow R(—SO_3)_2Ca + 2NaHCO_3$$

$$R(—SO_3)_2Ca + 2NaCl \Longrightarrow R(—SO_3Na)_2 + CaCl_2$$

弱酸型　　　　　　　　$R-COOH+NaHCO_3 \Longrightarrow R-COONa+H_2CO_3$

（2）阴离子交换树脂呈碱性，可分为强碱型（$R-N^+OH^-$）和弱碱型（$R-NH^+$ OH^-、$R=NH_2^+OH^-$、$R-NH_3^+OH^-$）。离子交换过程用化学反应式表示：

强碱型　　　　　　　　$R-NOH+H_2SiO_3 \Longrightarrow R-NHSiO_3+H_2O$

弱碱型　　　　　　　　$R-NHOH+HCl \Longrightarrow R-NHCl+H_2O$

根据以上反应式，我们把离子交换树脂看成某种特殊固体的高价电解质，有助于理解其基本特性规律和交换作用机理（图 4-4）。

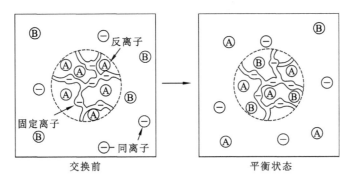

图 4-4　离子交换示意图

离子交换是一种可逆过程，上述反应都可朝逆向进行。实际进行的方向视具体条件而定。离子交换树脂的交换能力有一定的限度，称为离子交换容量。离子交换容量又分为总离子交换容量和工作交换容量。

总离子交换容量（E_t）是单位质量或单位体积树脂内 H^+ 的物质的量，是树脂主要性能之一，它对交换柱的工况有很大影响，是工业给水设计、科研、运转操作的基本参数。所以出厂树脂的质量如何，是根据总交换容量决定的，验收合格时方能使用。

工作交换容量（E_{op}）是树脂在不同条件下，所占总交换容量 E_t 中能利用的部分。一般占总交换容量的 60%～70%。工作交换容量是设计运行的主要参数，它能直接反映出设备是否正常运行。

所以，在该实验中，针对离子交换树脂做以下三个内容的测定：①离子交换树脂类型的鉴定；②强酸型阳树脂总交换容量的测定，即求 E_t；③强酸型阳树脂工作交换容量的测定，即求 E_{op}。

【仪器与试剂】

1. 仪器

（1）三角烧瓶（250 mL、1 000 mL 各 1 只）。

（2）容量瓶（1 000 mL，1 只）。

（3）碱式滴定管（25.00 mL，1 支）。

（4）酸式滴定管（25.00 mL，1 支）。

（5）滴定台（1 套）。

（6）移液管（20 mL、25 mL、50 mL 各 1 支）。

（7）量筒（20 mL，1 只）。

（8）玻璃漏斗（8～12 mm）。

（9）烧杯（1 000 mL）。

（10）细口瓶（500 mL、1 000 mL 各 1 只）。

（11）培养皿、药勺。

（12）纱布、药棉、滤纸。

（13）试管（30 mL，12 支）。

（14）12 孔试管架。

2. 试剂

（1）$CuSO_4$（10%）。

（2）HCl（1 mol/L）。

（3）NH_4OH（5 mol/L）。

（4）$CaCl_2$（0.5 mol/L）。

（5）NaOH（0.05 mol/L，1 mol/L）。

（6）EDTA（乙二胺四乙酸）标准溶液（0.05 mol/L）。

（7）pH＝10 的缓冲溶液（NH_4Cl＋NH_4OH）（0.05 mol/L）。

（8）铬黑 T 指示剂。

（9）甲基红（0.1%）。

（10）酚酞指示剂（0.1%）。

（11）广泛 pH 试纸。

（12）阴、阳树脂。

【实验步骤】

1. 离子交换树脂的鉴定

1）阳树脂与阴树脂的分辨

取 2 支试管（编号 1#，2#）分别取阳树脂和阴树脂各 2～3 mL 放在试管中，去掉树脂上附着的水，向两支试管中各加 1 mol/L 的 HCl 溶液 15 mL，摇动 1～2 min 后，弃掉上清液，重复操作 2～3 次，用纯水洗 2～3 次，再向 1#，2# 试管中加入 10% $CuSO_4$ 溶液 5 mL，摇动 1～2 min 后弃掉上清液，重复操作 2～3 次，此时用纯水洗 2～3 次，最后把 1#，2# 试管进行比色，看颜色是否有变化，记录颜色的变化于表 4-11 中，变为浅绿色的为阳树脂。

2）强酸型阳树脂和弱酸型阳树脂的分辨

经过第 1）步处理后，向树脂变色（浅绿色为阳树脂）的试管中加入 5 mol/L 的

NH_4OH 溶液 2 mL 摇动 1～2 min,弃掉上清液,重复操作 2～3 次,然后用纯水充分洗涤 2～3 次,如树脂颜色加深(深蓝色),则为强酸型阳树脂。如不变色,则为弱酸型阳树脂,记录颜色变化于表 4-11 中。

　　3) 强碱型阴树脂和弱碱型阴树脂的分辨

　　经过第 1)步处理后,向树脂不变色的试管中加入 1 mol/L 的 NaOH 溶液 5 mL,摇动 1 min,弃掉上清液,重复操作 2～3 次,然后用纯水洗涤 2～3 次,加 0.1％酚酞 5 滴,摇动 1～2 min,经洗涤后,若树脂呈粉红色,则为强碱型阴树脂,记录颜色变化于表 4-11 中。

　　4) 弱碱型阴树脂与非离子交换树脂的分辨

　　如果第 3)步中鉴定的树脂不变色,这时继续加入 1 mol/L 的 HCl 溶液 5 mL,摇动 1～2 min,弃掉上清液,重复操作 2～3 次,洗涤后比色,如树脂呈红色则为弱碱型阴树脂;如仍不变色,则无离子交换能力,不是离子交换树脂,记录变化于表 4-11 中。

表 4-11　四种离子交换树脂和非离子交换树脂的鉴别记录

名称	颜色变化
强酸型阳树脂	
弱酸型阳树脂	
强碱型阴树脂	
弱碱型阴树脂	
非离子交换树脂	

2. 强酸型阳树脂总交换容量的测定

　　(1) 精确称取强酸型阳树脂双份 5 g,将其中一份放入 105～110 ℃烘箱中约 2 h,烘干至恒重后放入氯化钙干燥器中冷却至室温,称重,记录干燥后的树脂质量。

$$固体质量分数(\%) = \frac{干燥后的树脂质量}{样品质量} \times 100\%$$

$$树脂含水率 = 1 - 固体质量分数$$

　　(2) 将另一份样品放在漏斗滤纸内,将漏斗插在 1 L 的三角烧瓶内。用 1 mol/L 的 HCl 溶液 600 mL,缓慢倒入漏斗内进行过滤(或者动态交换),使全部树脂都转成 H 型。

　　(3) 用纯水清洗树脂及滤纸,并经常用 pH 试纸检验,直到滤液呈中性 pH＝7 为止。

　　(4) 将漏斗移到另一个用纯水洗过的 1 L 容量瓶内。

　　(5) 用 0.5 mol/L 的 $CaCl_2$ 溶液 600～800 mL,缓慢加入漏斗内进行过滤交换,将全部 H^+ 置换到滤液中,并经常用 pH 试纸检查滤液酸度,直到滤液呈中性 pH＝7 为止。

　　(6) 加纯水至 1 L,充分混合即可(图 4-5)。

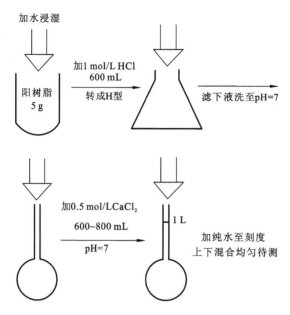

图 4-5　总交换容量测定示意图

（7）用三角烧杯量取 50 mL 上述混合液，以酚酞为指示剂，用 0.05 mol/L 的 NaOH 溶液进行中和滴定，重复滴 3～5 次取平均值，并记下碱的用量 V，填入表 4-12 中。

表 4-12　测定树脂总交换容量实验记录

湿树脂样品质量/g	干燥后的树脂质量/g	树脂固体质量分数/%	树脂含水率/%	NaOH 标准溶液的浓度/(mol/L)	NaOH 用量/mL	
					第一次	
					第二次	
					第三次	

3. 强酸型阳树脂工作交换容量的测定

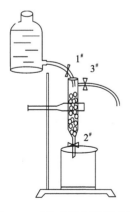

图 4-6　工作交换容量示意图

（1）实验装置如图 4-6 所示。配好一定浓度的 $CaCl_2$ 溶液，装入下口瓶中，测原水硬度。

（2）在交换柱内装入一定量纯水，然后将新树脂装入柱内达到 h 高度，要求称量准确。

（3）加入清水，调整旋钮，使树脂层上保持一定水深，并使液面基本保持不变，使滤速 $v = v_0$，调好旋钮不能再动。

（4）换用原水（$CaCl_2$ 溶液）继续过滤，以原水开始流出为计算时间的 T_0，每隔 5 min 测定一次出水硬度，记录于表 4-13 中。

表 4-13　测定树脂工作交换容量实验记录

过滤时间 T_i/min								
流量 Q_i/(mL/min)								
滴定液的刻度	末/mL							
	始/mL							
EDTA 用量/mL								
软化水硬度/(mmol/L)								

（5）实验时一边过滤,一边测定出水硬度,直到发现软化水有硬度开始泄漏,记下 T_i 和 Q_i。每隔 10 min 测定一次出水硬度,实验测定到进出水硬度相等为止。

【注意事项】

测定水的硬度时加入指示剂不要过多。

【数据处理】

1. 强酸型阳树脂的总交换容量的计算

$$E_t = \frac{V_1 C_1 \times 1000}{W}$$

或

$$E_t = \frac{V_1 C_1 \times 1000}{W_1(1-r)} \tag{4-9}$$

式中:V_1 为 0.05 mol/L NaOH 用量,mL;C_1 为 0.05 mol/L NaOH 溶液的浓度;W 为树脂干重,g;W_1 为树脂湿重,g;E_t 为每克强酸型阳树脂总交换容量,mmol/g;r 为树脂含水率,%。

2. 强酸型阳树脂的工作交换容量

$$E_{op} = \frac{(H_0 - \Delta H)Q_i T_i}{W} \tag{4-10}$$

式中:H_0 为原水硬度,mmol/L;ΔH 为软化水残余硬度,一般小于 0.03,mmol/L;E_{op} 为强酸型阳树脂的工作交换容量,mmol/L;Q_i 为软化水流量,mL/min;T_i 为软化水流时间,min;W 为湿树脂体积,mL。

3. 原水硬度

$$H_0 = \frac{V_2 \times C_2 \times 1000}{V_3} \tag{4-11}$$

式中:C_2 为 EDTA 标准溶液浓度,mol/L;V_2 为消耗 EDTA 的体积,mL;V_3 为水样的体积,mL;H_0 为原水硬度,mmol/L。

【思考题】

（1）离子交换树脂有什么特性?

(2) 为什么要检测离子交换树脂的总交换容量和工作交换容量?

(3) 影响 Eop 大小的因素是什么?

附:水中硬度的测定(络合滴定法)

【实验目的】

(1) 学会 EDTA 标准溶液的配制与标定方法。

(2) 掌握水中硬度的测定原理及方法。

【实验原理】

EDTA-2Na(乙二胺四乙酸钠)和水中钙、镁生成可溶性络合物。指示剂铬黑 T 与钙、镁离子生成葡萄酒红色;当 EDTA-2Na 滴定到终点时,EDTA-2Na 和钙、镁络合成无色络合物而使铬黑 T 游离,溶液即由红色变蓝色。

在滴定中,溶液 pH 的影响很大。碱性增大可使终点明显,但有析出碳酸钙和氢氧化镁沉淀的可能。所以,控制溶液 pH=10 为宜。

某些金属离子对测定有干扰作用,较多量有机物对滴定终点的观测有影响,如果硬度较高却能经稀释使干扰物降低至允许浓度以下时,最好用稀释法。水样中含有大量有机物时,对滴定有干扰,可取适宜水样蒸干,在 600 ℃灼烧至有机物完全氧化,将残渣溶于盐酸中,按一般水样操作,水样中普通金属干扰离子可用硫化钠消除。

由于有足量镁离子存在时滴定终点才能明显,所以在缓冲液中加入 EDTA 镁盐。若室温过低,滴定时可将溶液加热至 30~40 ℃。

【仪器与试剂】

1. 仪器

(1) 滴定管(50.00 mL)。

(2) 锥形瓶(250 mL)。

(3) 电炉(500 W)。

(4) 量筒(25 mL、5 mL 各 1 个)。

(5) 容量瓶(1 000 mL、100 mL 若干个)。

2. 试剂

(1) 10 mmol/L EDTA 标准溶液:称取 3.725 g EDTA 钠盐(Na_2-EDTA·$2H_2O$),溶于水后倾入 1 000 mL 容量瓶中,用水稀释至刻度。

(2) 铬黑 T 指示剂:称取 0.5 g 铬黑 T 与 100 g 氯化钠(NaCl)充分研细混匀,盛放在棕色瓶中,密封保存。

(3) 缓冲溶液(pH≈10):称取 16.9 g NH_4Cl 溶于 143 mL 浓氨水中,加 Mg-EDTA

盐全部溶液,用水稀释至 250 mL。

　　Mg-EDTA 盐全部溶液的配制:称取 0.78 g 硫酸镁(MgSO$_4$·7H$_2$O)和 1.179 g EDTA 钠盐(Na$_2$-EDTA·2H$_2$O)溶于 50 mL 水中,加 2 mL 配好的氯化铵的氨水溶液和 0.2 g 左右铬黑 T 指示剂干粉。此时溶液应显紫红色(如果出现蓝色,应再加极少量硫酸镁使其变为紫红色)。用 10 mL 10 mmol/L EDTA 溶液滴定至溶液恰好变为蓝色为止(切勿过量)。

　　(4) 10 mmol/L 钙标准溶液:准确称取 0.500 g 分析纯碳酸钙 CaCO$_3$(预先在 105～110 ℃下干燥 2 h)放入 500 mL 烧杯中,用少量水润湿。逐滴加入 4 mol/L 盐酸至碳酸钙完全溶解。加 100 mL 水,煮沸数分钟(除去 CO$_2$),冷至室温,加入数滴甲基红指示液(0.1 g 溶于 100 mL 60％乙醇中)。逐滴加入 3 mol/L 氨水直至变为橙色,转移至 500 mL 容量瓶中,用蒸馏水定容至刻度。此溶液每毫升含 1.00 mg CaCO$_3$,相当于 0.4008 mg Ca。

　　(5) 酸性铬蓝 K 与萘酚绿 B[1:(2～2.5)]混合指示剂(KB 指示剂)与 NaCl 按 1:50 比例研细混匀。

　　(6) 20％三乙醇胺。

　　(7) 2％Na$_2$S 溶液。

　　(8) 4 mol/L HCl 溶液。

　　(9) 10％盐酸羟胺溶液:现用现配。

　　(10) 2 mol/L NaOH 溶液:将 8 g NaOH 溶于 100 mL 新煮沸放冷的水中,盛放在聚乙烯瓶中。

【实验步骤】

1. EDTA 的标定

　　分别吸取 3 份 25.00 mL 10 mmol/L 钙标准溶液于 250 mL 锥形瓶中,加入 20 mL pH≈10 的缓冲溶液和 0.2 g KB 指示剂,用 EDTA 溶液滴定至溶液由紫红色变为蓝绿色,即为终点,记录用量。按下式计算 EDTA 溶液的浓度(mmol/L)。

$$C_{EDTA}=\frac{C_1V_1}{V} \tag{4-12}$$

式中:C_{EDTA} 为 EDTA 标准溶液的浓度,mmol/L;V 为消耗 EDTA 溶液的体积,mL;C_1 为钙标准溶液的浓度,mmol/L;V_1 为钙标准溶液的体积,mL。

2. 水样的测定

1) 总硬度的测定

　　(1) 吸取 50 mL 自来水水样 3 份,分别放入 250 mL 锥形瓶中。加 1～2 滴 HCl 溶液酸化,煮沸数分钟以除去 CO$_2$,冷却至室温,再用 NaOH 或 HCl 调至中性。

　　(2) 加 5 滴盐酸羟胺溶液。

（3）加 1 mL 三乙醇胺溶液，掩蔽 Fe^{3+}、Al^{3+} 等的干扰。

（4）加 5 mL 缓冲溶液和 1 mL Na_2S 溶液（掩蔽 Cu^{2+}、Zn^{2+} 等重金属离子）

（5）加 0.2 g 铬黑 T 指示剂，溶液呈明显的紫色。

（6）立即用 10 mmol/L EDTA 标准溶液滴定至蓝色，即为终点（滴定时充分摇匀，使反应完全），记录用量 $V_{EDTA(1)}$ 于表 4-14 中。由下式计算：

$$总硬度（mmol/L）= \frac{C_{EDTA}V_{EDTA(1)}}{V_0} \tag{4-13}$$

$$总硬度（CaCO_3 计，mg/L）= \frac{C_{EDTA}V_{EDTA(1)}}{V_0} \times 100.1 \tag{4-14}$$

式中：C_{EDTA} 为 EDTA 标准溶液的浓度，mmol/L；$V_{EDTA(1)}$ 为消耗 EDTA 标准溶液的体积，mL；V_0 为水样的体积，mL；100.1 为碳酸钙的摩尔质量，g/mol。

2）钙硬度的测定

（1）吸取 50 mL 自来水水样 3 份，分别放入锥形瓶中，以下同总硬度测定步骤（1）～（3）。

（2）加 1 mL 2 mol/L NaOH 溶液（此时水样的 pH 值为 12～13）。加 0.2 g 钙指示剂（水样呈明显的紫红色）。立即用 EDTA 标准溶液滴定至蓝色，即为终点。记录用量 $V_{EDTA(2)}$ 于表 4-14 中。由下式计算：

$$钙硬度（Ca^{2+}，mg/L）= \frac{C_{EDTA}V_{EDTA(2)}}{V_0} \times 40.08 \tag{4-15}$$

式中：$V_{EDTA(2)}$ 为消耗 EDTA 标准溶液的体积，mL；40.08 为钙的摩尔质量，g/mol。

【数据记录】

表 4-14 硬度的测定数据记录

水样编号	1	2	3
$V_{EDTA(2)}$/mL			
平均值			
总硬度/(mmol/L)			
总硬度/(CaCO₃计,mg/L)			
$V_{EDTA(2)}$/mL			
平均值			
钙硬度/(Ca,mg/L)			

4.5 铁碳内电解实验

【实验目的】

（1）了解铁碳内电解作用的原理。

（2）比较铁碳内电解在不同 pH 值下的处理效果。

【实验原理】

铁碳内电解方法是目前处理印染废水应用最为广泛的一种方法。其基本原理是利用铁颗粒与碳颗粒构成微小原电池的正极和负极,以印染废水为电解质溶液,发生氧化还原反应形成原电池。新生态的电极产物活性极高,能与废水中的有机污染物发生一系列的氧化还原反应。

在偏酸性条件下,阴极反应产生的新生态 H 具有很高的化学氧化还原性,能与染料中有机组分反应,破坏染料共轭体系中的发色集团,从而达到断链、脱色的目的。而阳极溶出的 Fe^{2+} 与后续的碱性物质中和后,生成的 Fe^{2+} 为胶体中心的絮凝体。该 $Fe(OH)_2$ 是一种良好的脱色剂,在常温下对硝基、偶氮基等氧化性的含氮基团具有强烈的选择性还原作用,将其还原为苯胺类化合物。同时,该 $Fe(OH)_2$ 也是一种高效的絮凝剂,集捕集、桥连和吸附于一身,比一般的药剂法具有更高的吸附凝聚能力。这样,废水中的原有固体悬浮物(SS)及微电解产生的不溶物则被吸附凝聚,使废水得到更有效的处理。具体的作用机理可归纳为以下几点:

1. 氢的还原作用

从电极反应中得到的新生态氢具有较大的活性,能与印染废水中的许多有机组分发生氧化还原作用,破坏染料共轭体中的发色结构,使偶氮基断裂、大分子分解为小分子,硝基化合物还原为氨基化合物,从而达到断链、脱色的目的。

2. 铁离子的混凝作用

从阳极得到的 Fe^{2+} 在有氧和碱性条件下,会生成 $Fe(OH)_2$ 和 $Fe(OH)_3$,反应为

$$Fe^{2+} + 2OH^- \Longrightarrow Fe(OH)_2$$

$$4Fe^{2+} + 8OH^- + O_2 + 2H_2O \Longrightarrow 4\,Fe(OH)_3$$

生成的 $Fe(OH)_2$ 是一种高效的絮凝剂,具有良好的脱色、吸附作用。而生成的 $Fe(OH)_3$ 也是一种高效胶体絮凝剂,它比一般的药剂水解法得到的 $Fe(OH)_3$ 吸附能力强,可强烈吸附废水中的悬浮物、部分有色物质及微电解产生的不溶物。

3. 铁的还原作用

铁是活泼金属,在酸性条件下,它的还原能力能使某些有机物被还原为还原态,例如将硝基苯还原为氨基物。

在水溶液中生成的 Fe^{2+} 能使偶氮型染料的发色基还原降解:

$$4Fe^{2+} + R—N{=}N—R + 4H_2O \longrightarrow RNH_2 + R + NH_2 + 4Fe^{3+} + 4OH^-$$

铁的还原作用还使一些大分子染料降解为小分子无色物质,具有脱色作用。

4. 电化学腐蚀作用

废铁屑为铁-碳合金,当浸没在废水液中时,由于碳的电位高,铁的电位低,就构成完整的微电池回路,形成内部电解反应。电解反应如下:

阳极(Fe): 　　　　　$Fe - 2e \longrightarrow Fe^{2+}$ 　　　$E^0(Fe^{2+}/Fe) = -0.44V$

阴极(C)：
$$2H^+ + 2e \longrightarrow 2[H] \longrightarrow H_2 \qquad E^0(H^+/H_2) = 0.00V$$

有氧气时：
$$O_2 + 4H^+ + 4e \longrightarrow 2H_2O \qquad E^0(O_2) = 1.23V \quad \text{(酸性介质)}$$
$$O_2 + 2H_2O + 4e \longrightarrow 4OH^- \qquad E^0(O_2/OH^-) = 0.40V \quad \text{(中性或碱性介质)}$$

在处理废水时，生成的 Fe^{2+} 对废水处理有重要的意义，它能将废水中的染料分子降解，并能生成 $Fe(OH)_2$ 和 $Fe(OH)_3$ 沉淀，起吸附、捕集、架桥的作用。

【仪器与试剂】

1. 仪器

（1）搅拌器。

（2）分光光度计。

（3）烧杯。

（4）移液管。

（5）漏斗。

2. 试剂

（1）染液。

（2）碳粉。

（3）铁粉。

（4）HCl 溶液。

（5）NaOH 溶液。

【实验步骤】

（1）用分光光度计测原水的吸光度。

（2）将称取的 0.2 g 碳粉和 2 g 铁粉混合分别加入 3 只各盛有 200 mL 染液的烧杯中并标记 $1^\#$、$2^\#$、$3^\#$ 烧杯，搅拌 10 min。

（3）搅拌 10 min 停止后，$1^\#$ 烧杯过滤取滤液测其吸光度；在 $2^\#$、$3^\#$ 烧杯中分别加入片碱少许，调节 pH 值 9~10，并继续搅拌 10 min 后过滤，测滤液的吸光度。

（4）称取 3 份 0.2 g 碳粉和 2 g 铁粉分别加入 3 只盛有 200 mL 染液的烧杯中，并将其 pH 值分别调至为 2~3,6,8~9 并标记 $4^\#$、$5^\#$、$6^\#$ 烧杯，搅拌 10 min。在 3 只烧杯中分别加入片碱少许，调节 pH 值至 9~10，并继续搅拌 10 min 后过滤，测各滤液吸光度，记入表 4-15。

【数据处理】

（1）记录数据。

表 4-15　测量不同 pH 铁碳电解液的吸光度

	原水	碳粉(0.2 g)	铁粉(2 g)	铁粉＋碳粉 (pH 值为 2~3)	铁粉＋碳粉 (pH 值为 6)	铁粉＋碳粉 (pH 值为 8~9)
吸光度						

（2）解释分析实验结果。

4.6　染料废水的光化学氧化实验

【实验目的】

（1）了解光化学氧化的有关机理。

（2）了解光化学氧化处理废水的影响因素。

【实验原理】

所谓光化学反应,就是在光的作用下进行的化学反应。该反应中分子吸收光能,被激发到高能态,然后和电子激发态分子进行化学反应。光化学反应的活化能来源于光子的能量。在自然环境中有一部分的近紫外光(290～400 nm)它们极易被有机污染物吸收,在有活性物质存在时就发生强烈的光化学反应使有机物发生降解。光降解通常是指有机物在光作用下,逐步氧化成低分子中间产物最终生成二氧化碳、水及其他的离子如 NO_3^-、PO_4^{3-}、卤素等。

光化学氧化反应多采用臭氧和过氧化氢等作为氧化剂,在紫外光的照射下产生氧化能力较强的羟基自由基·OH 来对有机污染物进行彻底的降解(羟基自由基比其他一些常用的强氧化剂具有更高的氧化能力,因此,·OH 是一种很强的氧化剂)。根据氧化剂的种类不同,可分为 UV/H_2O_2、UV/O_3 及 $UV/H_2O_2/O_3$ 等系统。

UV/H_2O_2 反应机理：

$$H_2O_2 + h\upsilon \longrightarrow 2 \cdot OH$$
$$RH + \cdot OH \longrightarrow H_2O + \cdot R \longrightarrow 进一步氧化$$

【仪器与试剂】

1. 仪器

（1）汞灯反应装置一套。

（2）分光光度计。

（3）烧杯(100 mL)。

2. 试剂

（1）染液(活性艳红 X-3B)。

（2）过氧化氢。

【实验步骤】

（1）分别取 80 mL 的染液于 6 个 100 mL 的烧杯中。

（2）在 6 个烧杯中分别加入 0.0 mL、0.2 mL、0.5 mL、1.0 mL、2.0 mL、2.5 mL 配制

好的过氧化氢并标记 $1^\#$、$2^\#$、$3^\#$、$4^\#$、$5^\#$、$6^\#$ 烧杯,搅拌均匀。

(3) 将以上 $1^\#$~$5^\#$ 五个烧杯放入汞灯反应装置中,接通电源,打开紫外灯照射50 min;$6^\#$ 烧杯于日光下照射 50 min。

(4) 将分光光度计预热并调零,测定原液的吸光度 A_0。

(5) 分别取以上 6 个烧杯中的染液,用分光光度计测其吸光度,记入表 4-16,分别记为 A_1、A_2、A_3、A_4、A_5、A_6。

【数据处理】

(1) 数据整理。

表 4-16　数据记录

烧杯编号	$1^\#$	$2^\#$	$3^\#$	$4^\#$	$5^\#$	$6^\#$
吸光度 A_x						
去除率/%						

$$去除率(\%)=\frac{A_0-A_x}{A_0}\times100\% \tag{4-16}$$

式中:A_0 为原液的吸光度;A_x 为处理后的吸光度。

(2) 分析解释实验结果。

【思考题】

(1) 影响紫外光化学氧化反应的因素有哪些?

(2) 光化学氧化反应的优点是什么?

(3) 根据以上原理及实验步骤设计一套可行的实验方法(包括氧化剂用量、染液初始pH 值及光照强度等因素对处理效果的影响)。

4.7　活性污泥性质测定实验

【实验目的】

(1) 了解活性污泥的培养、驯化完成的污泥性状。

(2) 掌握常规污泥性质(SV、MLSS、SVI)的测定方法。

(3) 加深活性污泥性能及活性的理解。

【实验原理】

活性污泥是由微生物及其吸附的有机物、无机物组成的絮体状物质,具有降解有机物的能力和较好的沉降性能。为了解活性污泥运行的好坏,可用显微镜观察活性污泥生物相,以及测定常见的一些污泥性质指标。污泥性质指标可以在一定程度上反映污泥的活性,结合镜检结果可以准确地了解污泥活性及运行状况。

SV 描述污泥的沉降性能,通常是选择曝气池内活性污泥 30 min 内的污泥沉降比。SVI 描述污泥的沉降性质,反映出活性污泥的松散程度(活性)和凝聚、沉淀性能,处理城镇生活污水的活性污泥的 SVI 值一般在 120 左右。MLSS 描述污泥浓度,和活性污泥生长状况、活性及剩余污泥排放等有关。

【仪器】

(1) 电子天平。

(2) 烘箱和干燥皿。

(3) 坩埚。

(4) 真空过滤装置。

(5) 定量滤纸。

(6) 量筒、烧杯等。

【实验步骤】

1. 污泥沉降比 SV(%)

取混合均匀的泥水混合液 1 000 mL 置于 1 000 mL 量筒中,静置 30 min 后,观察沉降的污泥占整个混合液的比例,记下结果。

2. 污泥浓度 MLSS

单位体积的曝气池混合液中所含污泥的干重,实际上是指混合液悬浮固体的数量,单位为 g/L。

1) 测定方法

(1) 将滤纸放在 105 ℃烘箱中干燥至恒重。

(2) 将该滤纸剪好平铺在布氏漏斗上,称量并记录(W_1)。

(3) 将测定过沉降比的 1 000 mL 量筒内的污泥全部倒入漏斗,过滤(用水冲净量筒,水也倒入漏斗)。

(4) 将载有污泥的滤纸移入烘箱(105 ℃)中烘干至恒重,称量并记录(W_2)。

2) 计算

计算污泥浓度为

$$\text{MLSS} = \frac{W_2 - W_1}{V} \tag{4-17}$$

式中:W_1 为滤纸的净重,mg;W_2 为滤纸及截留悬浮物固体的质量之和,mg;V 为水样体积,本实验为 100 mL。

3. 污泥指数 SVI(mL/g)

污泥指数全称污泥容积指数,是指曝气池混合液经 30 min 静沉后,1 g 干污泥所占的

容积。计算式如下

$$SVI = \frac{SV(\%) \times 10(mL/L)}{MLSS(g/L)}$$

(4-18)

【数据处理】

表 4-17　数据记录

污泥性质指标	1	2	3
水样体积/mL			
SV/%			
滤纸质量 W_1/g			
(滤纸+污泥)质量 W_2/g			
MLSS/(g/L)			
SVI/(mL/g)			

【数据整理与结果分析】

通过实验得到的数据（SV、MLSS、SVI），描述实验活性污泥的性质（沉降性能、生长状况等），并判断活性污泥的好坏。

【思考题】

SV 与 SVI 在描述污泥性质的时候有什么不同？

4.8　SBR 工艺演示实验

【实验目的】

了解 SBR 工艺原理及特点。

【实验原理】

序批式活性污泥法（简称 SBR 工艺）是一种结构简单、运行方式灵活多变，空间上完全混合，时间上理想推流的污水处理方法，它本质上仍属于活性污泥法的一种，适合于小水量的、分散点源水污染的治理。

SBR 工艺将曝气池与沉淀池合二为一。SBR 的运行工况是以间歇操作为主要特征。SBR 的基本工作周期由五个阶段组成，即进水（fill）、反应（react）、沉淀（settle）、排水（decant）、闲置（idle），从污水流入开始到待机时间结束算一个周期（图 4-7）。这种操作期是周而复始进行的，以达到不断进行污水处理的目的。

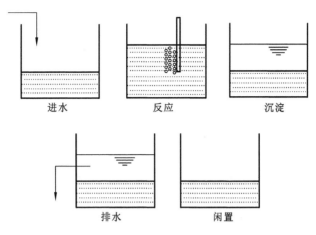

图 4-7　SBR 工艺的基本运行过程示意图

【工艺特点】

　　SBR 工艺最显著的特点是它将反应和沉淀两道工序放在同一反应器中进行,扩大了反应器的功能。另外,它提供了一种时间程序的污水处理方法,而不是连续流的空间程序的污水处理。

　　与连续流活性污泥法相比,SBR 工艺有以下优势。

　　(1) 工艺流程简单,设备少,占地省,投资小,构筑物少,一般只设反应池,无须二沉池和污泥回流设备。采用的 SBR 技术,删除了初沉池和均化池,使流程大大简化。

　　(2) SBR 工艺在静置阶段属理想静止沉淀,出水带走的活性污泥少,出水质量高。

　　(3) SBR 工艺运行方式灵活控制,具有较强的脱氮除磷能力。

　　(4) SBR 工艺好氧反应过程相当于反应器内有机物浓度降低是按时间变化的理想推流过程,即生化反应推动力大,因而它能提高生化反应速率。此外,它利用时间上的推流代替空间上的推流,易于实现自动控制。

　　(5) SBR 工艺可以有效防止污泥膨胀。由于 SBR 工艺具有理想推流式特点,反应期反应底物浓度大、缺氧与好氧状态交替变化,以及泥龄较短,都是抑制丝状菌生长的因素。

　　(6) SBR 工艺虽然在运行稳定性上不如连续流容易控制,但是 SBR 工艺利用高的循环率有效稀释进液中高浓度的难降解的或对微生物有抑制作用的有机化合物,因而具有较高的耐冲击负荷的能力。

　　(7) 由于 SBR 工艺本身的间歇运行特点,很适合处理流量变化大甚至间歇排放的工业废水。大量资料显示,小型企业废水量少,不宜采用连续流生物处理工艺,多采用 SBR 工艺,既可以节省基建费用又可以灵活操作。

【思考题】

　　采用 SBR 工艺如何强化生物脱氮效果?

4.9　接触氧化工艺演示实验

【实验目的】

了解生物接触氧化处理技术工艺原理及特点。

【实验原理】

生物接触氧化工艺的实质之一是在池内充填填料,已经充氧的污水浸没全部填料,并以一定的流速流经填料。在填料上布满生物膜,污水与生物膜广泛接触,在生物膜上微生物的新陈代谢功能下,污水中有机污染物得到去除,污水得到净化,因此,生物接触氧化工艺,又称为"淹没式生物滤池",工艺设备如图4-8所示。

生物接触氧化工艺的另一项技术实质是采用与曝气池相同的曝气方法,向微生物提供其所需要的氧,并起到搅拌和混合的作用。

生物接触氧化是一种介于活性污泥法和生物滤池之间的生物处理技术,兼有两者的优点。流程是由底部进水,采用曝气盘曝气,由附着在填料上生长的生物处理污水,由上部的三角堰出水。

【工艺特点】

(1)处理时间短,装置设备占地面积小。
(2)能够克服污泥膨胀的问题,且剩余污泥量少。
(3)BOD容积负荷高,污泥生物量大,处理效果相对较好,且对进水冲击负荷的适应性强。
(4)可以间歇运转。
(5)维护管理方便,无须污泥回流。

【工艺设备】

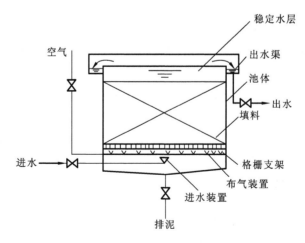

图4-8　接触氧化工艺设备及流程示意图

【思考题】

接触氧化工艺是否具有生物脱氮效果，为什么？

4.10　过滤及反冲洗工艺演示实验

【实验目的】

(1) 了解模型及设备的组成与构造。

(2) 观察过滤及反冲洗现象，进一步了解过滤及反冲洗原理。

【实验原理】

过滤及反冲洗实验装置是由进水箱、流量计、过滤柱及水位计等组成（图 4-9）。在处理过程中，过滤一般是指以石英砂等颗粒状滤料层截留水中悬浮杂质，从而使水达到澄清的工艺过程，过滤是水中悬浮颗粒与滤料颗粒间黏附作用的结果。此外，某些絮凝颗粒的架桥作用也同时存在。

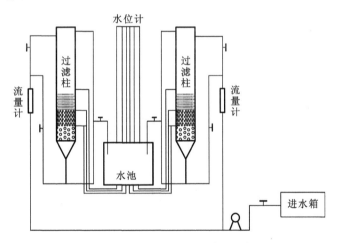

图 4-9　过滤及反冲洗实验装置示意图

在过滤过程中，随着过滤时间的增加，滤层中悬浮颗粒的量会随之不断增加，这就必然导致过滤过程水力条件的改变。此外，水质、水温、滤速、滤料尺寸、滤料形状、滤料级配，以及悬浮物的表面性质、尺寸和强度等也是影响过滤的诸多因素。

反冲洗的目的是清除滤层中的污物，使滤池恢复过滤能力。滤池反冲洗通常采用自上而下的水流进行。

【思考题】

有哪些改善快滤池过滤效果的方法？

4.11　传统活性污泥工艺演示实验

【实验目的】

了解活性污泥法曝气池的构造。

【实验原理】

活性污泥反应是指在活性污泥反应器——曝气池内,在各种环境因素,如水温、溶解氧浓度、pH 等都满足要求的条件下,活性污泥(即活性污泥微生物)对混合液中有机污染物(有机底物)的代谢;活性污泥本身的增长(即活性污泥微生物的增殖)及活性污泥微生物对溶解氧的利用等生物化学反应。传统活性污泥工艺设备流程示意图如图 4-10 所示。

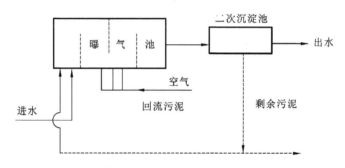

图 4-10　传统活性污泥工艺设备及流程示意图

【思考题】

传统活性污泥法的两种工艺是什么?各有什么特点?

4.12　生物流化床工艺演示实验

【实验目的】

了解生物流化床的原理及构造。

【实验原理】

流化床是以砂、活性炭、焦炭一类较小的惰性颗粒为载体充填在床内,载体表面被附着生物膜,其质变轻,载体处于流化状态,污水从其下部、左、右侧流过,广泛而频繁地与生物膜相接触,由于载体颗粒小在床内比较密集,相互摩擦碰撞,因此生物膜的活性也比较高,强化了传质过程。又由于载体不停流动,还能有效地防止堵塞现象。

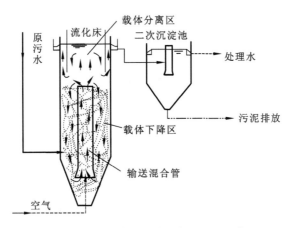

图 4-11　生物流化床工艺设备及流程示意图

【思考题】

生物流化床与传统活性污泥法比较有哪些优点?

4.13　生物转盘工艺演示实验

【实验目的】

了解生物转盘的原理构造。

【实验原理】

生物转盘工艺是污水灌溉和土地处理的人工强化,这种处理法使细菌和菌类的微生物、原生动物一类的微型动物在生物转盘填料载体上生长繁育,形成膜状生物性污泥——生物膜。污水经沉淀池初级处理后与生物膜接触,生物膜上的微生物摄取污水中的有机污染物作为营养,使污水得到净化。在气动生物转盘中,微生物代谢所需的溶解氧通过设在生物转盘下侧的曝气管供给。转盘表面覆有空气罩,从曝气管中释放出的压缩空气驱动空气罩使转盘转动,当转盘离开污水时,转盘表面上形成一层薄薄的水层,水层也从空气中吸收溶解氧。

生物转盘作为一种好氧处理废水的生物反应器,可以说是随着塑料的普及而出现的。反应器由水槽和一组圆盘构成(图4-12):数十片、近百片塑料或玻璃钢圆盘用轴贯穿,平放在一个断面呈半圆形的条形槽的槽面上。盘径一般不超过 4 m,槽径

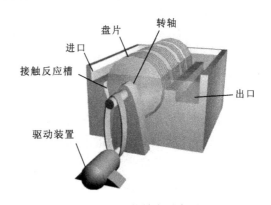

图 4-12　生物转盘示意图

大约几厘米,有电动机和减速装置转动盘轴,转速 1.5~3 r/min,决定于盘径,盘的周边线速度在 15 m/min 左右。废水从槽的一端流向另一端,盘轴高出水面,盘面约 40% 浸在水中,约 60% 暴露在空气中。盘轴转动时,盘面交替与废水和空气接触。盘面为微生物生长形成的膜状物所覆盖,生物膜交替地与废水和空气充分接触,不断地取得污染物和氧气,净化废水。膜和盘面之间因转动而产生切应力,随着膜的厚度的增加而增大,到一定程度,膜从盘面脱落,随水流走。生物转盘一般用于水量不大时。同生物滤池相比,生物转盘工艺中废水和生物膜的接触时间比较长,而且有一定的可控性。水槽常分段,转盘常分组,既可防止断流,又有助于负荷率和出水水质的提高。生物转盘如果产生臭味,可以加盖。

【思考题】

生物转盘工艺具有脱氮的效果吗?

4.14　上流式厌氧污泥反应床演示实验

【实验目的】

了解上流式厌氧污泥反应床的原理及构造。

【实验原理】

上流式厌氧污泥反应床是一种处理污水的厌氧生物方法,又称为升流式厌氧污泥床,英文缩写 UASB。由荷兰 Gatze Lettinga 教授于 1977 年发明。污水自下而上通过 UASB。反应器底部有一个高浓度、高活性的污泥床,污水中的大部分有机污染物在此间经过厌氧发酵降解为甲烷和二氧化碳。因水流和气泡的搅动,污泥床之上有一个污泥悬浮层。反应器上部设有三相分离器,用以分离消化气、消化液和污泥颗粒。消化气自反应器顶部导出;污泥颗粒自动滑落沉降至反应器底部的污泥床;消化液从澄清区出水。UASB 负荷能力很大,适用于高浓度有机废水的处理。运行良好的 UASB 有很高的有机污染物去除率,不需要搅拌,能适应较大幅度的负荷冲击、温度和 pH 变化。

UASB 反应器中的厌氧反应过程与其他厌氧生物处理工艺一样,包括水解、酸化、产乙酸和产甲烷等。通过不同的微生物参与底物的转化过程而将底物转化为最终产物——沼气、水等无机物。

在厌氧消化反应过程中参与反应的厌氧微生物主要有以下几种:①水解—发酵(酸化)细菌,它们将复杂结构的底物水解发酵成各种有机酸,乙醇,糖类,氢和二氧化碳;②乙酸化细菌,它们将第一步水解发酵的产物转化为氢、乙酸和二氧化碳;③产甲烷菌,它们将简单的底物如乙酸、甲醇和二氧化碳、氢等转化为甲烷。

UASB 反应器由污泥反应区,气、液、固三相分离器(包括沉淀区)和沼气排出装置三部分组成(图 4-13)。在底部反应区内存留大量厌氧污泥,具有良好的沉淀性能和凝聚性能的污泥在下部形成污泥层。要处理的污水从厌氧污泥床底部流入与污泥层中污泥进行混合接触,污泥中的微生物分解污水中的有机物,转化为沼气。沼气以微小气泡形式不断放出,微小气泡在上升过程中,不断合并,逐渐形成较大的气泡,在污泥床上部由于沼气的搅动形成污泥浓度较稀的泥水混合液一起上升进入三相分离器,沼气碰到分离器下部的反射板时,折向反射板的四周,然后穿过水层进入气室,集中在气室的沼气用导管导出,固液混合液经过反射进入三相分离器的沉淀区,污水中的污泥发生絮凝,颗粒逐渐增大,并在重力作用下沉降。沉淀至斜壁上的污泥沿着斜壁滑回厌氧反应区内,使反应区内积累大量的污泥,与污泥分离后的处理出水从沉淀区溢流堰上部溢出,然后排出污泥床。

【工艺设备】

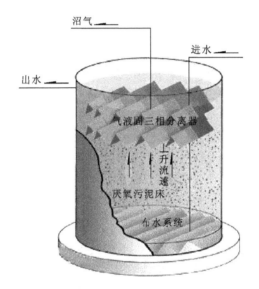

图 4-13　UASB 反应器示意图

【思考题】

采用 UASB 工艺如何强化其出水效果?

4.15　气浮演示实验

【实验目的】

了解加压溶气气浮设备。

【实验原理】

加压溶气气浮设备一般由空气饱和设备、空气释放设备和气浮池组成。本次实验观察的溶气气浮设备主要由溶气罐和气浮池两部分组成(图 4-14)。

在加压的情况下,大量的空气溶于溶气罐的清水中,然后溶有空气的清水从气浮池上部通入池中与污水混合。由于气浮池中的压强明显小于溶气罐中的压强,使得清水中溶入的空气释放出来,形成大量的气泡。气泡将废水中密度接近于水的固体和液体污染物黏附,形成密度小于水的气浮体,在浮力的作用下,浮至水面,形成浮渣,从而达到固液或液液分离的目的。浮渣由刮渣器去除。通过气浮后的相对清洁的水由气浮池中部的圆孔玻璃管排出。

【工艺设备】

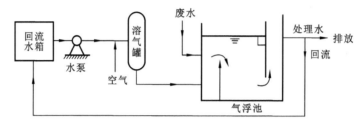

图 4-14　加压溶气气浮设备及流程示意图

【思考题】

加压溶气气浮设备有哪几种运行方式,各有什么特点?

第5章 大气污染控制工程实验

5.1 粉尘的采样与测定实验

【实验目的】

(1) 了解粉尘采样测定的应用范围。

(2) 掌握滤膜测尘方法原理和 FC-3 型粉尘采样器的使用操作。

(3) 熟悉含尘浓度的计算。

【实验原理】

工作区的含尘空气通过采样头,将粉尘阻留在滤膜上,用流量计测出流量,计时称重即可计算空气中含尘浓度。该实验技术可应用于工作区空气中含尘浓度的测定,以检验工作区粉尘浓度是否符合规定要求;尘源排放浓度的测定,以检验排到大气中的气体含尘浓度是否达到国家规定的排放标准;除尘器除尘效率的测定,以评价除尘器的性能。

本次实验为工作区空气中含尘浓度的测定,采用滤膜测尘采样器。FC-3 型粉尘采样器是滤膜测尘的采样器,适用于冶金、矿山、铸造、建材、水泥、陶瓷等具有粉尘危害的部门,用作环境监测及车间内粉尘浓度的测定。它能在温度 $-10\sim45$ ℃;相对湿度 $\leqslant90\%$,大气压为 $8^6\sim10^6$ kPa,且无爆炸和强震动的工作环境下正常工作。整套仪器由仪器主机、三脚架两部分组成。采样流量 $5\sim25$ L/min(双头),在同一瞬间能得到两个采样样品,能平行采样,提高测尘准确度;三脚架在采样时用来支撑仪器主机,高度可在 $0.5\sim1.7$ m 调节。

【实验设备】

(1) FC-3 型粉尘采样器。

(2) 万分之一分析天平。

【实验步骤】

(1) 充电:充电前,应先将流量调节旋钮逆时针旋转到尽头,将充电导线插在仪器背部,此时绿灯应亮,再接上交流电源,即可进行充电。

(2) 称重:取一张滤膜夹入压环中,放入干燥器干燥 12 h,用万分之一分析天平称重,装入压环盒备用。

(3) 装机:将压环装入采样头中,把采样头与主机连接,仪器架在采样点固定。

（4）采样：开机，采样流量调到 20 L/min，并随时观察调节保持流量恒定，采样时间 10～30 min，关机后记录准确的时间。

（5）称重：小心去除滤膜压环放入盒中，回到实验室将压环连同集尘滤膜放入干燥器干燥 12 h 后称重。

（6）整理数据，计算含尘浓度。

【注意事项】

（1）采用的滤膜应提前干燥，以减少因吸收水分造成的实验误差。

（2）实验中应时刻观察采样流量，并使其保持在恒定值。

【数据处理】

含尘浓度是指在标准状态下单位体积大气中粉尘的质量浓度，单位 mg/m³，计算公式为

$$C = \frac{W_2 - W_1}{V_N} \tag{5-1}$$

式中：W_1、W_2 分别为采样前后滤膜质量，mg；V_N 为标准状态下的采样量，m³。

换算式为

$$V_N = \frac{P T_N}{P_N T} \tag{5-2}$$

式中：P、T 分别为采样时的大气压力（kPa）、温度（K）；P_N、T_N 分别为标准状态下的大气压力（kPa）、温度（K）。

表 5-1　粉尘采样数据记录及整理

示演编号	1	2	3
滤料编号			
采样时大气压力/kPa			
采样时大气温度/K			
风向			
采样流量/(L/min)			
采样时间/min			
滤膜采样前质量/g			
滤膜采样后质量/g			
样品质量/g			
标态下含尘浓度/(mg/m³)			

【思考题】

(1) 环境空气中粉尘的来源有哪些？

(2) 若采样时流量不稳定，对实验结果有何影响？

(3) 对污染源进行测定，是否需要背景值的测量？如何测量？

5.2　粉尘粒度分布测定实验

【实验目的】

(1) 掌握筛分法测粉尘粒度分布的原理和方法。

(2) 掌握根据筛分法数据绘制粒度累积分布曲线和频率分布曲线。

【实验原理】

　　粒度分布通常是指某一粒径或某一粒径范围的颗粒在整个粉尘中占多大的比例。可用简单的表格、绘图和函数形式表示颗粒群粒径的分布状态。颗粒的粒度、粒度分布及形状能显著影响粉末及其产品的性质和用途。例如，水泥的凝结时间、强度与其细度有关，陶瓷原料和坯釉料的粒度及粒度分布影响着许多工艺性能和理化性能，磨料的粒度及粒度分布决定其质量等级等。为了掌握生产线的工作情况和产品是否合格，在生产过程中必须按时取样并对产品进行粒度分布的检验，粉碎和分级也需要测量粒度。

　　粉尘的粒度分布表示有以颗粒个数或以质量为基准的两种方法。选用合适的测定方法，将一定的粒径范围分成若干级别，最后以各个级别的粉尘质量（或颗粒数）的相对值来表示粒度分布状态。

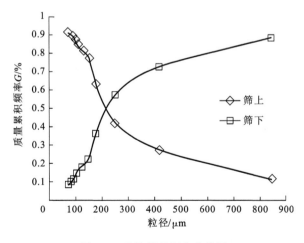

图 5-1　质量累积频率曲线图

　　由图 5-1 可以得到质量频率曲线 q。曲线 q 是这样得到的：在筛下质量累积频率曲线

上等间隔 Δd 截取 ΔG,然后以 $\Delta G/\Delta d$ 为纵坐标,以粒径为横坐标作曲线,则各级颗粒的质量频度以 q-d 曲线表示,图 5-2 更清楚地显示了粒度分布情况。

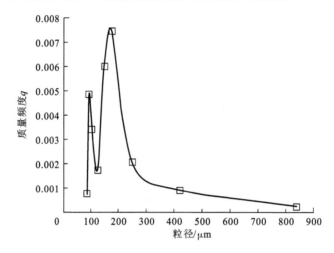

图 5-2　质量频度曲线图

　　粒度测定方法有多种,常用的有筛分法、沉降法、激光法、小孔通过法、吸附法等。本实验用筛分法和沉积天平法测粉尘粒度分布。

　　筛分法是最简单的也是应用最早和最广泛的粒度测定方法,让粉尘试样通过一系列不同筛孔的标准筛,将其分离成若干个粒级,分别称重,求得以质量分数表示的粒度分布。利用筛分法不仅可以测定粒度分布,而且通过绘制累积粒度特性曲线,还可得到累积产率50%时的平均粒度。筛分法适用约 100 mm 至 20 μm 之间的粒度分布测量。本实验用筛分法测粉尘粒度分布。

【仪器】

　　(1) 台秤:感量 0.5 g。
　　(2) 实验筛:10～60 目、80 目、100 目、120 目、140 目、160 目、180 目、200 目各 1 个,并附底座和筛盖。
　　(3) 软毛刷。
　　(4) 秒表。
　　(5) 振筛机。

【实验步骤】

　　(1) 将底盘、10～200 目的筛子从细到粗,自下而上依次重叠在一起。
　　(2) 称取干粉煤灰样 100 g(精确到 0.5 g),置于 10 目筛内,然后盖好筛盖。
　　(3) 将已叠好的筛子装入振筛机的支架上,固紧螺丝。
　　(4) 开动定时振筛机,振筛 10 min。
　　(5) 取下筛子,分别称出各孔径下筛上累积量(g),记录入表 5-2。

【注意事项】

（1）实验前应将筛子上的残余粉尘刷净，以免影响实验结果。

（2）筛子从粗到细、自上而下依次放置，底盘置于最下。

（3）振动强度不宜开得过大，盖好筛盖，以免粉尘洒出。

【数据处理】

（1）计算筛下累积频率，做出 G-d_p 质量累积频率曲线。

（2）由 G-d_p 曲线做出质量频度曲线。

（3）做出 R-R 粒度分布线，求出 n 和 β，写出粒度分布式。

粒度分布曲线是有一定规律的。一般粉尘的粒度分布，大体上均可看作罗辛-拉姆勒（Rosin-Rammler）分布，这是用指数函数表示的一种数学表达式，即 R-R 粒度分布式：

$$G = 1 - \exp(-\beta d_p^n) \tag{5-3}$$

式中：G 为质量筛下频率，β 和 n 为均等数，表示粒度分布的均等程度，指数 β 或 n 越大，意味着平均粒径越小。式（5-3）取二重对数得：

$$\lg\left(\ln\frac{1}{1-G}\right) = n\lg d_p + \lg\beta \tag{5-4}$$

$\lg\left(\ln\dfrac{1}{1-G}\right)$ 对 $\lg d_p$ 作图即可求得 n 和 β。

表 5-2　粒度测定结果记录表

序号	筛网目数	筛尺寸/粉尘粒径/mm	余量/g
1			
2			
3			
4			
5			
6			
7			
8			
9			
...			

【思考题】

（1）采用此法测定粉尘的粒度分布，影响测定结果准确性的主要因素有哪些？如何注意避免影响？

（2）测定粉尘的粒度分布的意义有哪些？

5.3 粉尘比电阻测量实验

【实验目的】

（1）掌握电除尘器粉尘比电阻的基本测量方法。

（2）通过对工况条件下和实验室条件下飞灰比电阻的比较，定性地了解烟气参数等对飞灰导电特性的影响。

【实验原理】

含尘气流在等速采样控制条件下进入采样嘴，并沉积于刚玉滤筒内的同心圆环电极和内电极之间的环形狭缝中。电极经高温氟线与高阻表连接，由高阻表对灰层施加一定电压，表盘上即指示出灰层的电阻值，这一阻值与本仪器的电极系数 $k(k=14.6)$ 的乘积即为飞灰在该测量工况下的电阻值。

粉尘比电阻是一项有实用意义的参数，粉尘荷电后将改变其凝聚性、附着性、稳定性等物理特性，在电除尘器的设计和使用中必须知道粉尘的比电阻值。

【实验设备】

本实验采用 BDL 便携式飞灰比电阻现场测定仪测定粉尘的比电阻。设备的主要技术参数如下。

（1）比电阻测定范围：$10^4 \sim 10^{13}$ Ω·cm。

（2）电极系数：14.6。

（3）适用烟气速度：5～27 m/s。

（4）适用烟气温度：≤200 ℃。

本仪器由探头、高阻表、真空泵及微差压计四部分组成。现场测量设备如图 5-3 所示。探头结构如图 5-4 所示。

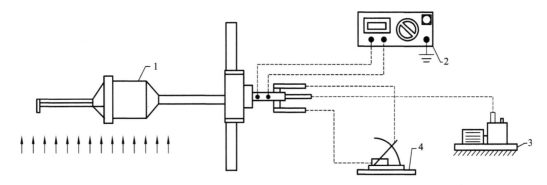

图 5-3 飞灰比电阻现场测量设备示意图

1. 探头；2. 高阻表；3. 真空泵；4. 微差压计

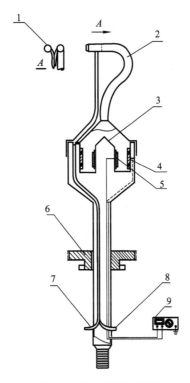

图 5-4　探头结构示意图

1. 平行短管；2. 采样头；3. 刚玉滤筒；4. 外电极；

5. 内电极；6. 丝堵；7. 静压管；8. 静压管；9. 高阻表

【实验步骤】

（1）选择好适当的测孔位置，拉好电源线。

（2）连接好测量探头、高阻表、真空泵及微差压计的皮管和电源线，并将高阻表妥善接地。

（3）开启高阻表电源开关进行预热。

（4）将探头插入烟道测孔，旋好旋塞，将采样嘴对准烟气来流方向，上紧定位螺钉。

（5）开启抽气泵采样，采样过程中随时根据微差压计液柱的变化调节真空泵的阀门开度，使微差压计液柱维持在平衡刻度线上，以实现等速采样。

（6）抽气 15～20 min 滤筒内灰样即可蓄满，此时操作高阻表进行测量。

（7）采样探头与仪器连接后，调节电流至 0（此时电阻为无穷大），测量旋钮调至测量挡；调节施加电压（10～1 000 V），选择合适的电阻倍率，当电阻示数小于 10 时即为适当的电阻倍率；记录测量电压（电压系数）、电阻倍率、电阻读数于表 5-4。

（8）测完一遍后，将电压调节钮调至 0 V，电阻倍率调至最小，测量旋钮调至放电挡。

（9）取出探头，轻轻旋下采样头并用橡胶吹灰球将滤筒内的灰样吹净。

【注意事项】

（1）采样头及采样器连接间的定位螺钉小孔应对齐，以免造成粉尘采样量过少。

（2）采样后的采样器应小心轻放。

（3）测试比电阻前，注意将电流调节至 0。

（4）当电阻示数大于 10 时，调节电阻倍率至更大一档，以免造成较大的测量误差。

【数据处理】

（1）粉尘比电阻定义式为

$$\rho = VA/(Id) \tag{5-5}$$

式中：ρ 为比电阻，$\Omega \cdot cm$；V 为加在粉尘层两断面间的电压，V；A 为电极面积，cm^2；I 为尘层中通过的电流，A；d 为粉尘层的厚度，cm。

（2）比电阻计算式为

$$\rho = k_1 k_2 k_3 R \times 10^6 \tag{5-6}$$

式中：k_1 为电极系数，14.6；k_2 为电阻倍率（从高阻表上读取）；k_3 为电压系数，按表 5-3 确定；R 为电阻读数。

表 5-3 测量电压和电压系数表

测量电压	10 V	100 V	250 V	500 V	1 000 V
电压系数	1	10	25	50	100

表 5-4 比电阻测定记录表

实验编号	1	2	3	4	5
电极系数					
电阻倍率					
电压系数					
电阻读数					
比电阻/($\Omega \cdot cm$)					
平均比电阻/($\Omega \cdot cm$)					

【思考题】

（1）本实验条件下测定飞灰的比电阻和实际工况条件下测得的结果有什么不同？假若先将待测粉尘放在较高温度下烘烤，再让它冷却到规定温度时测量比电阻，是否得到按本实验指定程序测得的同样结果？

（2）适应于电除尘器去除的飞灰的比电阻区间是多少？大于或小于这个区间会发生什么现象？实际应用中有什么方法可以解决比电阻较高的问题？

5.4　碱液吸收二氧化硫实验

【实验目的】

废气的吸收净化工艺是大气污染控制中最为基础与重要的环节之一,其设备按气液接触基本构件特点,可分为填料塔、板式塔和特种接触塔三类。

本实验采用填料塔,用 5% NaOH 溶液吸收 SO_2。通过实验可初步了解用填料塔吸收净化有害气体的实验研究方法,同时还有助于加深理解在填料塔内气液接触状况及吸收过程的基本原理。通过实验要达到以下目的。

(1) 了解用吸收法净化废气中 SO_2 的效果。

(2) 改变气流速度,观察填料塔内气液接触状况和液泛现象。

(3) 测定填料塔的吸收效率及压降。

【实验原理】

本实验依据国家环境保护总局标准 HJ/T 56—2000《固定污染源排气中二氧化硫的测定——碘量法》。

含 SO_2 的气体可采用吸收法净化。由于 SO_2 在水中溶解度不高,常采用化学吸收法。吸收 SO_2 的吸收剂种类较多,本实验采用 NaOH 溶液作为吸收剂,吸收过程发生的主要化学反应为

$$2NaOH + SO_2 \longrightarrow Na_2SO_3 + H_2O$$
$$Na_2SO_3 + SO_2 + H_2O \longrightarrow 2NaHSO_3$$

本实验过程中通过测定填料塔进出口气体中 SO_2 的含量,即可近似计算出填料塔的平均吸收效率,进而了解净化效果。

【仪器与试剂】

(1) SO_2 吸收装置:吸收液从储液槽由水泵并通过转子流量计,由填料塔上部经喷淋装置喷入塔内,流经填料表面由塔下部排出,回入储液槽。空气由高压离心机与 SO_2 气体相混合,配制成一定浓度的混合气。含 SO_2 的空气从塔底部进气口进入填料塔内,通过填料层,气体经除雾器后由塔顶排出(图 5-5)。

(2) 空气采样器 1 台,流量范围 0.1~1.0 L/min。采样流量为 0.4 L/min 时,相对误差小于±5%。

(3) 多孔玻板吸收管 1 支,液柱高度不低于 80 mm。

(4) 移液管 1 支,滴定管 1 支,锥形瓶 2 个。

(5) 氨基磺酸铵-硫酸铵吸收液。

(6) 淀粉指示剂。

(7) 碘标准溶液 (0.01 mol/L)。

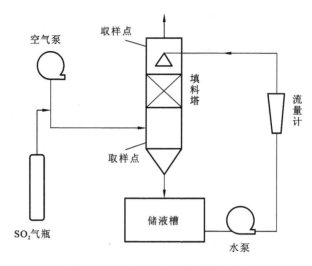

图 5-5　SO₂ 吸收装置及流程示意图

【实验步骤】

（1）连接实验装置，检查系统是否漏气，并在储液槽中注入配置好的 5％碱溶液。

（2）打开填料塔的进液阀，并调节液体流量，使液体均匀喷淋，并沿填料表面缓慢流下，以充分润湿填料表面，当液体由塔底流出后，将液体流量调节至 50 L/h 左右。

（3）开高压离心风机，调节气体流量，使塔内出现液泛。仔细观察此时的气液接触状况。

（4）逐渐减小气体流量，在液泛现象消失后，吸收塔能正常工作时，开启 SO₂ 气瓶，并调节其流量，使气体中 SO₂ 的体积分数为 0.01％～0.5％。

（5）经数分钟，待塔内操作完全稳定后，开始测量并记录有关数据。采用气体采样器，调节采样流量为 0.5 L/min，在吸收塔的进口和出口平行采样 10 min。

（6）保持气体流量不变，改变液体的流量为 20 L/h 和 10 L/h，按上述方法，重复上面的实验步骤。

（7）实验完毕后，先关掉 SO₂ 气瓶，待 1～2 min 后再停止供液，最后停止鼓入空气。

【注意事项】

（1）SO₂ 吸收实验应在通风柜中进行，以免气体泄漏到室内空气中。

（2）SO₂ 流量不宜开至过大，以免造成严重液泛现象，出现气流通路，导致吸收效果较差。

（3）尾气应连接吸收装置，以去除大流量下未及时吸收的 SO₂ 气体。

【数据处理】

SO₂ 被氨基磺酸铵-硫酸铵溶液吸收以后，用碘标准溶液滴定，按滴定量计算 SO₂ 浓度。

（1）SO₂ 质量浓度的计算

$$SO_2 \text{ 质量浓度}(mg/m^3) = \frac{(V-V_0) \times C \times 32 \times 1000}{V_{nd}} \quad (5\text{-}7)$$

式中：V、V_0 分别为滴定样品中和空白溶液所消耗的碘标准溶液的体积，mL；C 为碘标准溶液的浓度，mol/L；V_{nd} 为标准状态下采样体积，L。

（2）填料塔净化效率计算

净化效率 η 为

$$\eta = 1 - \frac{C_2}{C_1} \times 100\% \quad (5\text{-}8)$$

式中：C_1、C_2 分别为填料塔入口和出口处的 SO₂ 质量浓度，mg/m³。

（3）绘出液气比与效率的曲线 $Q\text{-}\eta$。

【思考题】

（1）从实验结果绘出的曲线，你可以得到哪些结论？

（2）通过实验，你认为实验中还存在什么问题？应该做哪些改进？还有哪些比本实验中的脱硫方法更好的脱硫方法？

5.5　环境空气中二氧化氮质量浓度测定实验

【实验目的】

氮氧化物是主要的空气污染物质之一，是形成酸雨的主要物质之一，通过本实验达到以下目的。

（1）掌握盐酸萘乙二胺分光光度法测定氮氧化物的方法和原理。

（2）掌握测定氮氧化物所需试剂的配制方法。

（3）了解空气中氮氧化物的来源和有关分析方法。

【实验原理】

本实验依据中华人民共和国国家环境保护标准 HJ 479—2009《环境空气中氮氧化物（一氧化氮和二氧化氮）的测定——盐酸萘乙二胺分光光度法》。

空气中的二氧化氮吸收在水中，生成的亚硝酸与吸收液中的对氨基苯磺酸溶液起重氮化反应，然后与盐酸萘乙二胺偶合生成玫瑰红色偶氮化合物，于波长 540 nm 处，测定吸光度。方法检出限为 0.36 μg/10 mL。当吸收液体积为 10 mL，采样体积为 24 L 时，空气中二氧化氮的最低检出浓度为 0.015 mg/m³。当吸收液体积为 50 mL，采样体积为 288 L 时，空气中二氧化氮的最低检出浓度为 0.006 mg/m³。

歧化反应：　　　　　　$NO_2 + H_2O \longrightarrow HNO_2 + HNO_3$

重氮化反应：　　$HNO_2 + 对氨基苯磺酸 + 乙酸 \longrightarrow 重氮化合物$

偶氮反应：　重氮化合物 + 盐酸萘乙二胺 $\longrightarrow$ 偶氮染料（玫瑰红色）

【仪器与试剂】

(1) 分光光度计 1 台。

(2) 空气采样器 1 台,流量范围 0.1 ～1.0 L/min。采样流量为 0.4 L/min 时,相对误差小于±5%。

(3) 多孔玻板吸收管 1 支,液柱高度不低于 80 mm。

(4) 去离子水(无亚硝酸根的水)。

(5) N-(1-萘基)乙二胺盐酸盐储备液,$\rho[C_{10}H_7NH(CH_2)_2NH_2 \cdot 2HCl]$＝1.00 g/L:称取 0.50 g N-(1-萘基)乙二胺盐酸盐于 500 mL 容量瓶中,用水溶解稀释至刻度。此溶液储于密闭的棕色瓶中,在冰箱中冷藏可稳定保存三个月。

(6) 显色液:称取 2.5 g 对氨基苯磺酸($NH_2C_6H_4SO_3H$)溶解于约 100 mL 40～50 ℃热水中,将溶液冷却至室温,全部移入 500 mL 容量瓶中,加入 25.0 mL N-(1-萘基)乙二胺盐酸盐储备溶液和 25.0 mL 冰乙酸,用水稀释至刻度。此溶液储于密闭的棕色瓶中,在 25 ℃以下暗处存放可稳定三个月。若溶液呈现淡红色,应弃之重配。

(7) 吸收液:使用时将显色液和水按体积 4:1 比例混合,即为吸收液。吸收液的吸光度应小于或等于 0.005(540 nm,1 cm 比色皿,以水为参比)。否则,应检查水、试剂纯度或显色液的配制时间和储存方法。

(8) 亚硝酸盐标准储备液,$\rho(NO_2^-)$＝250 μg/mL:准确称取 0.375 0 g 亚硝酸钠[$NaNO_2$,优级纯,使用前在(105±5)℃干燥恒重,在干燥器内放置 24 h]溶于水,移入 1 000 mL 容量瓶中,用水稀释至标线。此溶液储于密闭棕色瓶中于暗处存放,可稳定保存三个月。

(9) 亚硝酸盐标准工作液,$\rho(NO_2^-)$＝2.5 μg/mL:准确吸取亚硝酸盐标准储备液 1.00 mL 于 100 mL 容量瓶中,用水稀释至标线。临用前现配,每组自配 100 mL。

【实验步骤】

1. 空气样品采集

取一个多孔玻板吸收瓶,装入 10.0 mL 吸收液,标记吸收液液面位置后以 0.4 L/min 的流量采集环境空气 16 L,即采样时间 40 min。实验设置 4 个采样对照组,分别为中南民族大学 1 教后侧山坡、13 教门口、"飞翔"雕塑、北二门门口新竹路侧。

采样期间、样品运输和存放过程中应避免阳光照射。采样结束时,为防止溶液倒吸,应在采样泵停止抽气的同时,闭合连接在采样系统中的止水夹或电磁阀。

同时,每组做一个采样空白,将装有吸收液的吸收瓶带到采样现场,与样品在相同的条件下保存、运输,直至送交实验室分析,运输过程中应注意防止沾污。

2. 标准曲线的绘制

(1) 取 6 支 10 mL 具塞比色管,按表 5-5 配制亚硝酸钠标准液系列。首先用显色液将清洗后的比色管润洗,再根据表 5-5 分别移取相应体积的亚硝酸钠标准工作液,加水至

2.00 mL,用显色液定刻度至 10 mL 刻度线(加入显色液量约 8.00 mL)。

表 5-5　亚硝酸盐标准系列

管号	0	1	2	3	4	5
亚硝酸钠标准使用量/mL	0.00	0.40	0.80	1.20	1.60	2.00
水/mL	2.00	1.60	1.20	0.80	0.40	0.00
显色液/mL	8.00	8.00	8.00	8.00	8.00	8.00
亚硝酸根浓度/(μg/mL)	0.00	0.10	0.20	0.30	0.40	0.50
吸光度 A						

(2) 各管混匀,于暗处放置 20 min(室温低于 20 ℃时放置 40 min 以上),用 1 cm 比色皿,在波长 540 nm 处,以水为参比测量吸光度,填入表 5-5 中,扣除 0 号管的吸光度以后,对应 NO_2^- 的浓度(μg/mL),计算标准曲线的回归方程 $y=bx+a$。

3. 空白实验

取实验室内未经采样的空白吸收液,用 1 cm 比色皿,在波长 540 nm 处,以水为参比测定吸光度。实验室空白吸光度 A_0 在显色规定条件下波动范围不超过 ±15%。将现场空白和实验室空白的测量结果相对照,若现场空白与实验室空白相差过大,查找原因。

4. 样品测定

采样后放置 20 min(室温 20 ℃以下放置 40 min 以上),用水将采样瓶中吸收液的体积补至标线,混匀,用 1 cm 比色皿,在波长 540 nm 处,以水为参比测定吸光度,同时测定空白样品的吸光度,记录入表 5-6。若样品的吸光度超过标准曲线的上限,应用实验室空白试液稀释,再测定其吸光度。

【注意事项】

(1) 标准曲线的制作过程,为减小实验误差,比色管应提前洗净并烘干。

(2) 实验前应将吸收管洗净,去除上组实验残留的染料,若加入吸收液后吸收管内显玫瑰红色,说明吸收管尚未洗干净。

(3) 显色过程注意避光。

(4) 实验吸收管和对比空白实验吸收管,采样空气流量保持一致。

【数据处理】

空气中二氧化氮质量浓度

$$\rho(NO_2)=\frac{(A-A_0-a)\times V \cdot D}{b \cdot f \cdot V_0} \tag{5-9}$$

式中:A 为样品溶液的吸光度;A_0 为空白实验溶液的吸光度;b 为标准曲线的斜率;a 为标准曲线的截距;D 为样品的稀释倍数;f 为 Saltzman 实验系数(f=0.88,当空气中二氧化氮浓度高于 0.720 mg/m³ 时,f=0.77);V 为采样用吸收液体积,mL;V_0 为换算为标准状态(273 K、101.325 kPa)下的采样体积,L。

$$V_0 = V_6 \times \frac{273}{273+t} \times \frac{p}{101\ 325} \tag{5-10}$$

表 5-6　各采样点二氧化氮质量浓度

项目		实验室空白吸收液	1 教	13 教	雕塑	北二门
吸光度 A	空白液					
	吸收液					
$\rho(NO_2)/(mg/m^3)$						

【思考题】

(1) 环境空气中氮氧化物的来源有哪些,对于环境有哪些危害?

(2) 吸收液为什么要避光保存或使用,且不能长时间暴露在空气中?

5.6　活性炭吸附法净化 VOCs 废气实验

【实验目的】

(1) 通过实验进一步提高对吸附机理的认识。

(2) 了解影响吸附效率的主要因素。

【实验原理】

活性炭是由各种物质材料如煤、木材、石油焦、果壳、果核等炭化后,再用水蒸气或化学药品进行活化处理,制成孔结构十分丰富的吸附剂。它具有非极性表面,为疏水性和亲水有机物的吸附剂,因此常用于某些特定生产工艺(化学工业、石油化工等)的废气处理。在这些生产工艺中,常排放含有不同浓度的苯、甲苯等挥发性有机物(VOCs)。苯类物质大多易燃、有毒,通过呼吸进入人体易损害人的中枢神经,造成神经系统障碍;被摄入人体后,会危及血液及造血器官。因此,含苯有机废气不经处理直接排放不仅危害人体健康,同时还会造成严重的环境污染。活性炭吸附法处理低浓度 VOCs 是工业上较为常用的方法。本实验通过气体发生器产生的苯蒸气作为 VOCs,用活性炭对其进行吸附。

气体吸附是使用多孔固体吸附剂将气体混合物中的一种或数种组分被浓集于固体表面,从而与其他组分分离的过程。根据吸附剂与吸附质之间发生吸附作用的性质不同,吸附过程可分为物理吸附与化学吸附。物理吸附是由于气相吸附质的分子与固体吸附剂的表面分子间存在的范德瓦耳斯力所引起的,它是一个可逆过程;化学吸附则是由吸附质分子与吸附剂表面的分子发生化学反应而引起的,化学吸附的强弱由两种分子的化学键的亲和力大小决定,化学吸附是不可逆的。用吸附法净化有机废气时,在多数情况下发生的是物理吸附。吸附了有机组分的吸附剂,在温度、压力等条件改变时,被吸附组分可以脱离吸附剂表面,从而得到纯度较高的产物,有机废气可以回收利用。同时利用这一点,使吸附剂能得到净化再生而能重复使用。

【仪器与试剂】

(1) 压缩机 1 台,压力 3 kg/cm²(294 kPa)。

(2) 转子流量计 1 只。

(3) 压差计(U 型玻璃管)1 只。

(4) 三口瓶(500 mL)1 只。

(5) 广口瓶(10 000 mL)1 只。

(6) 吸附柱(有机玻璃 φ40 mm×400 mm)2 支。

(7) 气质联机(Trace MS)1 台。

(8) 活性炭吸附剂。

【实验步骤】

1. 吸附装置操作流程

本实验采用如图 5-6 所示的操作流程。

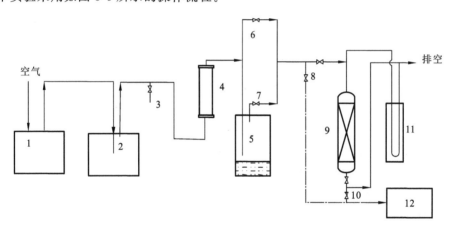

图 5-6　活性炭吸附 VOCs 实验装置及流程示意图

1. 压缩机;2. 缓冲瓶;3. 放空阀门;4. 转子流量计;5. 气体发生器;6,7. 控制阀门;8. 取样口;
9. 吸附柱;10. 取样口;11. 压差计;12. 气质联机

该流程可分为如下几个部分。

1) 配气部分

压缩机 1 送出的空气进入缓冲瓶 2,然后通过放空阀门 3,调节进入转子流量计 4 的气体流量。气体经流量计计量后分成两股:一股进入装有苯的气体发生器 5,将发生器中挥发的苯带出;另一股不经气体发生器直接通过。两股气体在进入吸附柱 9 前混合,混合气的含苯浓度通过调节两股气的流量比例来控制,两股气的流量比例则是通过控制阀门 6 和 7 来调节的。

2）吸附部分

混合气体通过阀门进入吸附柱 9,吸附柱中装有一定高度的活性炭。吸附净化后的空气排空。

3）取样部分

在吸附柱前后设置两个取样点,在实验时按需要将取样点分别与气质联机相连(或用针筒从两处取样,再用气质联机分析取出的样品),以测定吸附柱出气口气体的含苯浓度。

2. 实验步骤

(1) 按流程图连接好装置并检查气密性。

(2) 校定流量计并绘出流量曲线图。

(3) 将活性炭放入烘箱中,在 100 ℃ 以下烘 1~2 h,过筛备用。

(4) 标准曲线的绘制。用 5 支 100 mL 注射器分别抽取 5 mL、10 mL、20 mL、40 mL、80 mL 浓度为 1 mg/L 的苯标准气,用洁净的空气稀释至 100 mL,其浓度分别为 50 mg/m³、100 mg/m³、200 mg/m³、400 mg/m³、800 mg/m³。按气质联机操作方法进样、测量峰值面积值,绘制标准曲线。

(5) 取三根吸附柱测量管径,然后分别向吸附柱中装入高度为 14 cm、12 cm 和 10 cm 的已烘干活性炭,然后把 14 cm 炭层的吸附柱装在流程上,另两根柱备用。

(6) 根据测定的管径,计算出空塔气速为 0.3 m/s 时所应通的气量,并根据流量曲线认准空塔气速的流量计刻度值。

(7) 打开放空阀门 3,关闭阀门 7,开启压缩机,然后利用阀门 3 将气体流量调节到所需流量值。

(8) 打开取样口阀门 10,将气体接通气质联机,逐渐开启阀门 7,关小阀门 6,并保持流量计所示刻度值不变,调节混合气体含苯浓度为 250 mg/m³,记下此时时间。

(9) 关闭取样口阀门 10,使气体全部通过吸附柱,并保持上述条件连续通气。通过取样口不断将气体导入气质联机,测定吸附柱出口含苯浓度,至出口气体有微量苯浓度显示时停止通气,记下时间。

(10) 将 14 cm 炭层柱由流程上卸下,并分别将 12 cm 和 10 cm 炭层吸附柱装在流程上,重复(3)~(6)的操作,在操作中保持相同的条件。

(11) 实验完毕后,关闭压缩机,切断电源。

【注意事项】

(1) 苯为有毒气体,实验中应做好防护措施,注意实验安全。

(2) 实验前应仔细检查装置气密性,以防苯气发生泄漏。

【数据处理】

1. 实验基本参数记录

(1) 吸附柱:直径 $D=$＿＿＿＿＿＿＿ mm,床层横截面积 $F=$＿＿＿＿＿＿＿ m²。

（2）活性炭：种类_____，粒径 $d=$_____ mm，堆积密度_____ kg/m³。

（3）操作条件：室温_____ ℃，气压_____ kPa，气体流量_____ L/min，空塔气速_____ m/s。

2. 气体中苯浓度的计算

$$\rho_i = \rho_0 \varphi \tag{5-11}$$

式中：ρ_i 为苯的浓度，mg/m³；ρ_0 为由标准曲线上查出的样品浓度，mg/m³；φ 为将样品体积换算为标准状况下体积的换算系数。

3. 希洛夫公式中 K、τ_0 的求取

依据所得实验结果，计算希洛夫公式中的常数 K 和 τ_0 值。

$$\tau = KL - \tau_0 \tag{5-12}$$

式中：τ 为保持作用时间；L 为炭层高度。

4. 吸附容量的计算

活性炭的吸附容量

$$a = \frac{KVC}{\rho_b} \tag{5-13}$$

式中：a 为活性炭吸附容量，kg/kg；K 为吸附层保护作用系数，s/m；V 为空塔气速，m/s；C 为气流中污染物入口浓度，kg/m³；ρ_b 为吸附剂的堆积密度，kg/m³。

5. 将相关实验数据记入表 5-7

希洛夫公式的 K 和 τ_0 值：$K=$_____ min/m；$\tau_0=$_____ min。

表 5-7　实验数据记录与处理

吸附柱号	1	2	3
炭层高度/m			
进气浓度/(mg/m³)			
保护作用时间/min			
吸附容量/(kg/kg)			

【思考题】

（1）影响吸附量的因素有哪些？在实验中若空塔气速、气体进口浓度发生变化，将会对吸附量产生什么影响？

（2）若要测定气体进口浓度的变化对吸附容量的影响，应该怎样设计实验？

（3）在什么样的条件下可以使用希洛夫公式吸附床层的计算？根据实验结果，若设计一个炭层高度为 0.5 m 的吸附床层，它的保护作用时间为多少？

第6章　固体废弃物处理与处置实验

6.1　粉煤灰物理特性综合测定实验

粉煤灰的物理特性包括：颗粒形状、比重、容重、孔隙率、细度、粒度分布、摩擦角等。这些数据的取得，不仅是粉煤灰综合利用的需要，也是气体输送粉煤灰设计过程中必须进行的工作。

比重的测定

【实验目的】

测出粉煤灰的比重。

【实验原理】

比重是指在绝对密实的状态下，单位体积物质的质量，单位为 g/cm^3 或 kg/m^3。由于粉煤灰颗粒有许多毛细管，必须用一种表面张力小、能浸润粉煤灰的液体通过排液置换法求其真实体积。

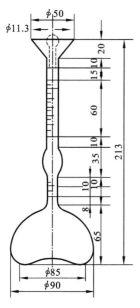

图 6-1　李氏比重瓶示意图
单位:mm

【仪器与试剂】

(1) 李氏比重瓶(图 6-1)：最小刻度值 0.1 mL。
(2) 恒温水槽，温度计。
(3) 电子天平：感量 0.001 g。
(4) 烘箱及干燥器。
(5) 无水煤油(汽油或苯)。
(6) 粉煤灰样品。

【实验步骤】

(1) 将煤油注入李氏比重瓶中，使液面在 0～1 mL 刻度值之间。将李氏比重瓶放入恒温水槽内，使刻度部分完全浸入水中，并加以固定，调节恒温水槽温度使其保持在 $(20\pm2)℃$。

(2) 经 30 min，读取并记录李氏比重瓶内液体下弯液面的刻度值 V_1(准确至 0.1 mL)。

(3) 用干燥过的 50 mL 小烧杯，称 40～50 g 灰样，记为 G_1。

(4) 取出比重瓶，用滤纸将瓶中液面上部的液体吸干。

（5）用折叠纸和小匙细心地将粉煤灰加入瓶中,一边装,一边摇动拍打,排出空气泡。当装至李氏比重瓶上部刻度能够再次读数时,停装。

（6）称出剩余灰样的重量 G_2。

（7）把比重瓶倾斜一定角度,并沿瓶轴旋转,使灰样中气泡完全逸出。然后,再放入恒温水槽中。30 min 后,读取并记录液面刻度 V_2。

【注意事项】

（1）粉煤灰装样时,瓶口不得有残留的粉煤灰。

（2）装样后,比重瓶壁上不得挂有粉煤灰,否则可反复上下摇动比重瓶,使挂壁的粉煤灰被煤油带入比重瓶底部。同时注意排出瓶内的气泡。

【数据处理】

实验的数据记录于表 6-1 中,并记录灰样来源 _____,室温 _____℃,水温_____℃。

表 6-1　数据记录及计算表

灰样编号	灰样重量 G_1/g	余量 G_2/g	比重瓶中灰样重 G/g（$=G_1-G_2$）	比重瓶液面体积/cm³		灰密实体积 V/cm³（$=V_2-V_1$）	比重 γ/(g/cm³)（$=G/V$）
				装灰前 V_1	装灰后 V_2		

（1）按下列公式计算比重 γ（精度:0.01 g/cm³）

$$\gamma = G/V \qquad\qquad (6\text{-}1)$$

式中:G 为比重瓶中粉煤灰的重量,即 G_1 和 G_2 之差;V 为粉煤灰的密实体积,即 V_2、V_1 之差。

（2）比重实验用两个试样平行进行,以其结果的算术平均值作为最后结果,但两个结果之差不应超过 0.02 g/cm³。

【思考题】

（1）投加粉煤灰堵住后,如何疏通?能否借用铁丝?

（2）如何保证快速装样,而又不堵塞呢?

容重的测定

【实验目的】

测出粉煤灰的容重。

【实验原理】

容重是指粉煤灰在自然状态下(含孔隙)单位体积的重量,单位为 g/cm³ 或 kg/m³。不同的实验条件和环境,得到的容重也不相同,因此容重的测定一定要注意条件。

【仪器与试剂】

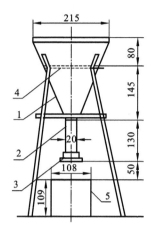

图 6-2　测定容重装置示意图

1. 漏斗;2. 导管;3. 导管盖;

4. 筛子;5. 容积升

(1) 容积升(内径 108 mm,高 109 mm 的铁制园形容器),容积为 1 L(图 6-2)。

(2) 特制漏斗,具有带盖的导管和孔径 2 mm 的筛。

(3) 钢尺;天平(精确至 0.1 g);烘箱。

【实验步骤】

(1) 把漏斗置于容积升的上方,使容积升和导管在同一中心线上。盖上导管。

(2) 在漏斗内盛 2 L 烘干的粉煤灰样品。

(3) 抽开导管盖,使灰自由落下。

(4) 当容积升溢出粉煤灰时,立即闭上导管盖。

(5) 用钢尺沿容积升口将多余的粉煤灰刮平,然后轻振数下。

(6) 称量盛有粉煤灰的容积升重 G_1,倒掉粉煤灰后,称容积升净重 G_2。

【注意事项】

(1) 用漏斗向容积升内装粉煤灰时,应防止该升受到任何振动,以免粉煤灰密实。

(2) 漏斗应固定在桌上,以防筛子振动时,变动导管和容积升的位置。

(3) 用钢尺刮平升口多余的粉煤灰时,尺的倾斜度应一定,且应紧压容积升的边缘,一次刮平。

【数据处理】

(1) 实验的数据记录于表 6-2 中:灰样来源 _____,室温_____ ℃。

表 6-2　实测数据与计算

灰样编号	盛有灰样的容积升重量 G_1/g	容积升净重 G_2/g	灰样重 G/g($=G_1-G_2$)	容重 δ/(g/cm³)($=G/V$)

(2) 容重 δ 的计算

$$\delta=(G_1-G_2)/V \tag{6-2}$$

式中:V 为粉煤灰自然状态下的体积,即为容积升的容积 1 L。

(3) 容重实验用两个试样平行进行,以其结果的算术平均值作为最后结果,但两个结果之差不应超过 0.05 g/cm^3。

【思考题】

(1) 容积升能否用尺子进行压实?

(2) 材料中孔隙体积与其表观体积(即材料总体积)的百分比,称为孔隙率。根据"比重的测定"节与"容重的测定"节计算粉煤灰孔隙率。

细度的测定

【实验目的】

测出粉煤灰的细度。

【实验原理】

细度,也称分散度,是指粉状物料颗粒的粗细程度,一般以遗留在 0.045 mm 方孔筛上筛余物的百分数来表示。

【仪器与试剂】

(1) 采用气流筛析仪(又称负压筛析仪)。主要由筛座、筛子、真空源及收尘器等组成。利用气流作为筛分的动力和介质,通过旋转的喷嘴喷出的气流作用使筛网里的待测粉状物料呈流态化,并在整个系统负压的作用下将细颗粒通过筛网抽走,从而达到筛分的目的。

(2) 天平(感量 0.001 g),软毛刷。

【实验步骤】

(1) 称取试样 5.0 g,精确至 0.1 g。倒入 0.045 mm 方孔筛筛网上,将筛子置于筛座上,盖上筛盖。

(2) 接通电源,将定时开关开到 4 min,开始筛析。

(3) 开始工作后,观察负压表,负压大于 $2\,000 \text{ Pa}$ 时,表示工作正常,若负压小于 $2\,000 \text{ Pa}$,则应停机清理收尘器中的积灰后再进行筛析。

(4) 在筛析过程中,可用轻质木棒或硬橡胶棒轻轻敲打筛盖,以防吸附。

(5) 4 min 后筛析自动停止,停机后将筛网内的筛余物收集并称量,精确至 0.1 g。

【注意事项】

用毛刷将筛余物收集时要收集完全,刷子和筛网内不要遗漏。

【数据处理】

（1）实验的数据记录于表 6-3 中。

表 6-3　数据记录与计算

灰样编号	灰全重 G_1/g	筛余灰重 G_2/g	细度 $X=G_2/G_1\times100\%$

（2）细度 X 按下式计算：

$$X=\frac{G_2}{G_1}\times100\% \tag{6-3}$$

式中：G_2 为筛余物重量。

（3）细度实验用两个试样平行进行，以其结果的算术平均值作为最后结果，但两个结果之差不应超过 2%。

【思考题】

粉煤灰的细度是一定的吗？

6.2　粉煤灰化学特性综合测定实验

粉煤灰的化学特性是衡量粉煤灰质量的重要指标，化学成分的测定是粉煤灰综合利用的关键步骤。

【实验目的】

（1）学习粉煤灰中 SiO_2、Fe_2O_3、Al_2O_3、SO_3 及粉煤灰的烧失量等化学特性的方法。

（2）掌握粉煤灰化学特性测定的预处理及不同的影响因素。

【实验原理】

（1）试样经碱熔法分解，SiO_2 转变为硅酸盐，加入 HCl 后形成含有大量水分的硅酸沉淀，在水浴上蒸发至干，再加入 HCl 和动物胶使硅酸凝聚，于 70 ℃保温 10 min 后，加水溶解其他盐类，采用快速过滤，灼烧得到 SiO_2 含量。

（2）应用 EDTA 滴定铁是基于 Fe^{3+} 与 EDTA 在 pH 值 2～3 时能生成稳定的络合物。

（3）试样经氢氧化钠分解、提取酸化，在 EDTA 存在下分离铁、钛等。在弱酸性溶液中使铝和过量 EDTA 配位，用锌标准溶液滴定过量的 EDTA，再用氟盐取代与铝配位的 EDTA，最后用锌标准溶液滴定取代出的 EDTA。

（4）在酸性溶液中，用氯化钡溶液沉淀硫酸盐，经过过滤灼烧后，以硫酸钡形式称量

（结果以 SO_3 计）。

（5）试样在(950 ± 25)℃的高温炉中灼烧，去除样品中的水分，使试样中未完全煅烧的 $CaCO_3$、$MgCO_3$ 分解，同时也将硫化物氧化。

【仪器与试剂】

振动磨样机，马弗炉，电热板，电子天平，滴定管，烧杯，250 mL 锥形瓶、8 mol/L 盐酸，坩埚，粉煤灰样品，氨基水杨酸，(1+1)氨水，0.005 mol/L 的 EDTA 标准溶液，10%氟化钾溶液，二甲酚橙指示剂，1%乙酸锌标准溶液，10%氯化钡溶液，1%硝酸银溶液。

【实验步骤】

1. 前处理

（1）从现场取灰样 400 g，在(100 ± 5)℃下烘干。

（2）用圆锥四分法把灰样缩减至 25 g，然后在振动磨样机中研磨 2 min。研磨后的灰样可全部通过 30 μm 的筛子，把它们储存在带有磨口塞的小广口瓶中，放在干燥器内保存。

（3）准确称取 0.50 g 试样于洁净的 30 mL 银坩埚中，用几滴 95%乙醇将试样润湿，加入 4 g 分析纯氢氧化钠，盖上盖后放入马弗炉中。由室温缓慢升温到 650~700 ℃。

（4）熔融 15~20 min 取出坩埚，放入装有冷蒸馏水的盘中急冷，待坩埚凉后，取出坩埚，擦净坩埚外壁，平放于 25 mL 烧杯中，加 1 mL 95%乙醇及适量的沸水，盖上表面皿，等剧烈反应停止后，倒浸出物于 250 mL 烧杯中，以少量(1+1)盐酸和刚煮沸的热蒸馏水交替冲洗表面皿、坩埚及坩埚盖三四次，使熔融物完全浸出。

（5）向聚集浸出液的 250 mL 烧杯中加入 8 mol/L 的浓盐酸 20 mL，摇匀，将烧杯置于电热板上，慢慢蒸成带黄色盐粒。取下后稍冷，加入 8 mol/L 的浓盐酸 20 mL，盖上表面皿，热到约 80 ℃，加 1%动物胶热溶液(70~80 ℃)10 mL，剧烈搅拌 1 min，保温 10 min，以便让硅酸充分凝聚。

（6）取下待稍冷，加热水约 50 mL，搅拌，使盐类完全溶解。立即用中速定量滤纸向 100 mL 容量瓶中过滤，将沉淀先用(1+3)盐酸洗除七八次，再用带橡皮头的玻璃棒以 2%热盐酸擦净杯壁及玻棒，洗涤沉淀 3~5 次，再用热水洗到无氯离子(用 1%硝酸银溶液检验)为止。将该滤液冷至室温，用水稀释到刻度，此溶液连同滤纸及过滤物用来分析粉煤灰的各组分。

2. 重量法测定二氧化硅含量

将处理好的样品(包括滤纸及滤物)小心移入已恒重的干净瓷坩埚内，先放在电炉上低温烘干，再缓慢升温使滤纸充分灰化，最后在$(1\,000\pm20$ ℃)硅碳棒高温电炉内灼烧 1 h，得到疏松状呈纯白色的二氧化硅沉淀，取出稍冷，移入干燥器内，冷到室温后称重。

3. EDTA 滴定法测定三氧化二铁含量

从化学处理得到的 100 mL 溶液中准确吸取 20 mL 置于 250 mL 锥形瓶中，加水稀释到约 100 mL。加入磺基水杨酸指示剂 0.5 mL,滴加(1+1)氨水调节溶液 pH 值到 1.8～2.0(用精密 pH 试纸检验)。将该溶液加热到约 70 ℃时取下,立即用 0.005 mol/L EDTA 标准溶液滴定到亮黄色时,表示已到终点,此时的溶液温度应在 60 ℃左右。

4. 氟盐取代 EDTA 滴定法测定三氧化二铝含量

从化学处理得到的 100 mL 溶液中准确吸取 20 mL 置于 250 mL 锥形瓶中,加水稀释到约 100 mL,再加 1.1%EDTA 溶液 20 mL,加酚酞指示剂一滴,用(1+1)氨水中和至刚出现红色,再加(1+1)盐酸到红色消失后,最后加 pH5.9 的缓冲溶液 10 mL,放于电炉上煮沸几分钟,使铁、铝、钛、铜、铅、锌等离子与 EDTA 络合完全,然后冷至室温,加入几滴二甲酚橙指示剂,立即用 1%乙酸锌标准溶液回滴余下的 EDTA,直到颜色变为橙红(或紫红)色。此时,加入 10%氟化钾溶液 10 mL,将溶液煮沸几分钟,使铝生成更稳定的 AlF_6^{3-} 铬离子,完全置换出与 Al^{3+} 铬合的 EDTA。待溶液冷到室温,补加 2 滴二甲酚橙指示剂仍用 1%乙酸锌标准溶液滴定转换出的 EDTA 到终点。

5. 硫酸钡重量法测定三氧化硫的含量

从化学处理得到的 250 mL 溶液中准确吸取 100 mL 置于 250 mL 烧杯中。加甲基橙指示剂 2～3 滴,用(1+1)氨水中和到刚变黄色,滴加(1+1)盐酸使沉淀溶解后再过量 2 mL,加水稀释到约 200 mL。将此溶液在电炉上加热至沸,在不断搅拌下缓慢地加入 10%氯化钡溶液 10 mL,在电热板或沙浴上微沸 5 min,保温 2 h,进行陈化,溶液最后体积保持在 150 mL 左右。等溶液冷却,用慢速定量滤纸过滤,并用热去离子水洗到无氯离子(用 1%硝酸银溶液检验),将滤纸连同滤物一同转入一个洁净带盖并在 800～850 ℃灼烧恒重的坩埚中,用酒精灯在倾斜的坩埚顶端加热,先将滤纸和沉淀烘干,再将酒精灯移至倾斜放置的坩埚底部加热,使滤纸碳化,最后放入 800～850 ℃的高温马弗炉中灼烧 1 h,取出置于干燥器内冷却、称量;第二次灼烧 10～15 min,同样冷却,准确称量至恒重。

6. 重量法测定粉煤灰的烧失量

将粉煤灰用玛瑙乳钵研细,全部通过 140 目的细筛,在已恒重的灰皿上称量一定量的粉煤灰试样,放入马弗炉中进行灼烧。在 950～1 000 ℃灼烧 1 h 后,取出灰皿放入干燥器中,待冷却后称重,然后将其按上述条件继续灼烧,直至恒重为止。

【注意事项】

(1) 银的熔点为 960.5 ℃,因此用银坩埚熔样时,熔融温度不得超过 960 ℃,最好在 650～700 ℃为宜。熔融时间也不易过长,一般 15～20 min,否则银熔下来太多,当用盐酸进行酸化时,将形成氯化银沉淀,影响重量法中二氧化硅的测定。

(2) 在硅酸凝聚和盐类完全溶解后,应迅速过滤,若放置时间过长,则由于已凝聚好的硅酸又会变成可溶状态留在溶液中而使结果显著偏低。

(3) 灼烧后的二氧化硅吸湿性较强,冷却后应迅速称量。

(4) 在硅酸中,以 γ-状态的硅酸聚合程度最高,而能为动物胶所凝聚。但只有酸度在 8 mol/L 以上时,才能使硅酸以 γ-状态析出,因此,用动物胶使硅酸脱水时,溶液的酸度不能低于 8 mol/L。动物胶往往不能把二氧化硅完全凝聚下来,导致测定结果偏低,但已能满足工业使用上的要求。

【数据处理】

(1) 灰中 SiO_2 质量分数计算式为

$$SiO_2\ 的质量分数(\%)=\frac{SiO_2\ 沉淀质量}{试样质量}\times100\% \tag{6-4}$$

(2) 灰中 Fe_2O_3 的质量分数计算式为

$$Fe_2O_3\ 的质量分数(\%)=\frac{T_{Fe_2O_3}\times V_1}{G\times1000}\times\frac{100}{20}\times100=\frac{0.5\times T_{Fe_2O_3}\times V_1}{G} \tag{6-5}$$

式中: $T_{Fe_2O_3}$ 为 0.005 mol/L 的 EDTA 标液对 Fe_2O_3 的滴定度,mg/mL; V_1 为试液所消耗 0.005 mol/L 的 EDTA 标液体积,mL; G 为分析灰样的质量,g。

(3) 灰中 Al_2O_3 的质量分数计算式为

$$Al_2O_3\ 的质量分数(\%)=\frac{T_{Al_2O_3}\times V_2}{G\times1000}\times\frac{250}{20}\times100=\frac{1.25\times T_{Al_2O_3}\times V_2}{G} \tag{6-6}$$

式中: $T_{Al_2O_3}$ 为乙酸锌标液对 Al_2O_3 的滴定度,mg/mL; V_2 为试液所消耗的乙酸锌标液体积,mL; G 为分析灰样的质量,g。

(4) 灰中 SO_3 的质量分数计算式为

$$SO_3\ 的质量分数(\%)=\frac{0.33\times G_2}{G}\times\frac{250}{100}\times100=\frac{85.75\times TG_2}{G} \tag{6-7}$$

式中: G_2 为试液硫酸钡沉淀质量,g; G 为分析灰样质量,g。

(5) 灰中烧失量计算式为

$$烧失量(\%)=\frac{G_1\times G_2}{G_1}\times100\% \tag{6-8}$$

式中: G_1 为灼烧前灰样量,g; G_2 为灼烧后灰样量,g。

【思考题】

(1) 本实验用到了几种指示剂?它们各自的变色条件是什么?
(2) EDTA 与金属的络合受哪些因素的影响?
(3) 铝离子的测定为何要用取代法?取代法适合测定何种类型的金属离子?

6.3　污泥比阻综合实验

【实验目的】

(1) 进一步加深理解污泥比阻的概念。
(2) 学习通过化学混凝剂提高污泥脱水性能的方法。
(3) 掌握污泥脱水药剂种类、投药量的影响。

【实验原理】

污泥经重力浓缩或气浮浓缩后,含水率大约在 95% 左右,体积大而不便于运输。因此一般多采用机械脱水,以减少污泥体积。常用的脱水方法有真空过滤、压滤、离心等方法。

污泥机械脱水是以过滤介质两面的压力差作为动力,达到泥水分离、污泥浓缩的目的。影响污泥脱水的因素较多,主要有以下几种。

(1) 原污泥浓度。取决于污泥性质及过滤前浓缩程度。

(2) 污泥性质、含水率。

(3) 污泥预处理方法。

(4) 压力差大小。

(5) 过滤介质种类、性质等。

根据卡门公式推导出过滤基本方程式为

$$\frac{t}{V} = \frac{\mu \omega r}{2PA^2} V + \frac{\mu R_f}{PA} \tag{6-9}$$

式中:t 为过滤时间,s;V 为滤液体积,m³;p 为真空度,Pa;A 为过滤面积,m²;μ 为滤液的动力黏滞度,Pa·s;ω 为滤过单位体积的滤液在过滤介质上截流的固体重量,kg/m³;r 为比阻,cm/g;R_f 为过滤介质的阻抗,1/m²。

公式给出了在压力一定的条件下过滤液的体积 V 与时间 t 的函数关系,指出了过滤面积 A、压力 p、污泥性能 μ 和 r 值等对过滤的影响。

污泥比阻 r 值是表示污泥过滤特性的综合指标,其物理意义是:单位重量的污泥在一定压力下过滤时,在单位过滤面积上的阻力,即单位过滤面积上滤饼单位干重所具体的阻力。通过过滤实验测定不同时间 t 的滤过水体积 V,将 t/V 与 V 值绘得一直线,则 b 为过滤基本方程式(6-9)中(t/V)-V 直线斜率,由此得

$$r = \frac{2pA^2}{\mu} \frac{b}{\omega} \tag{6-10}$$

其中:参数 ω 通过实验测定 m_b 和 Q_y,然后用以下公式计算:

$$\omega = \frac{m_b}{Q_y} \tag{6-11}$$

再由式(6-10)可求得 r 值。一般认为比阻为 $10^9 \sim 10^{10}$ cm/g 的污泥为难过滤的,在 $(0.5\sim0.9)\times10^9$ cm/g 的污泥为比较好过滤的,比阻小于 0.4×10^9 cm/g 的污泥为易于过滤的。

在污泥脱水中,往往要进行化学调节,即采用往污泥中投加混凝剂的方法降低污泥比阻 r 值,达到改善污泥脱水性能的目的。而影响化学调节的因素,除污泥本身的性质外,一般还有混凝剂的种类、浓度、药物投加量和化学反应时间。在相同实验条件下,采用不同药剂、浓度、投量、反应时间,可以通过污泥比阻实验选择最佳条件。

【仪器与试剂】

（1）实验装置如图 6-3 所示。

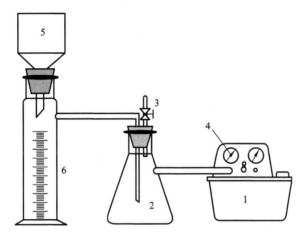

图 6-3 比阻实验装置示意图
1. 真空泵；2. 吸滤瓶；3. 真空调节阀；4. 真空表；5. 布氏漏斗；6. 计量管

（2）水分快速测定仪。

（3）秒表、滤纸。

（4）烘箱。

（5）混凝剂：$FeCl_3$，$Fe_2(SO_4)_3$，$Al_2(SO_4)_3$，质量分数均为 2 ％。

【实验步骤】

1. 原污泥比阻的测定

（1）取三张滤纸，烘干后称重。

（2）在布氏漏斗中放置三张滤纸，用水喷湿。开动真空泵，使抽滤瓶中成为负压，滤纸紧贴漏斗，关闭真空泵。

（3）把 100 mL 调节好的泥样倒入漏斗，再次开动真空泵，控制真空调节阀，使污泥在真空度为 0.05 MPa 下定压过滤脱水。

（4）记录不同过滤时间 t 的滤液体积 V 的值，直至当过滤到泥面出现龟裂，或滤液达到 85 mL 时。数据记录到表 6-4。

（5）将滤饼和滤纸烘干，测定其质量。

表 6-4 污泥比阻实验记录

时间 t/s	计量管内滤液 V/mL	t/V/(s/mL)

续表

时间 t/s	计量管内滤液 V/mL	t/V/(s/mL)

2. 污泥比阻的混凝调理

按表 6-5 给出的实验内容,分别加入各类混凝剂不同剂量,使调节后污泥的总体积仍为 100 mL,混合搅拌 1 min,进行污泥比阻的测定。

表 6-5　测定某消化污泥比阻的因素水平表

水 平	因　　素	
	混凝剂种类	加药体积/mL
1	$FeCl_3$	9
2	$Fe_2(SO_4)_3$	5
3	$Al_2(SO_4)_3$	1

【注意事项】

(1) 滤纸烘干称重后,放到布氏漏斗内,要先用蒸馏水润湿,而后再用真空泵抽吸一下,滤纸一定要贴紧不能漏气。

(2) 实验中注意控制真空调节阀,使过滤压力表指数保持在 0.05 MPa。

【数据处理】

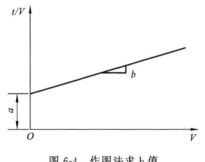

图 6-4　作图法求 b 值

(1) 将实验记录进行整理,t 与 $\dfrac{t}{V}$ 相对应。

(2) 以 V 为横坐标,$\dfrac{t}{V}$ 为纵坐标绘图,求 b 值,如图 6-4 所示。或利用线性回归求解 b 值。

(3) 根据 $\omega = \dfrac{m_b}{Q_y}$ 求 ω。

式中:Q_y 为滤液量,mL;m_b 为滤饼质量,g。

(4) 按公式求各组污泥比阻值。

【思考题】

对正交实验结果进行分析,找出影响的主要因素和较佳条件。

6.4　粉煤灰胶凝固化实验

【实验目的】

（1）了解粉煤灰砖的制作过程，了解配料掺料对粉煤灰砖性能的影响。

（2）了解建材（砖）的主要性能指标及其检测工具与操作方法。

（3）初步了解粉煤灰砖的强度形成机理。

【实验原理】

工业废渣蒸养砖的成型和强度主要依赖以下 4 个方面。

1. 物理机械作用

蒸养砖的生产过程中，混料的强度与混料的均匀性直接影响着各种原料的表面接触充分性，从而制约着各种激发剂对料活性的激发和物料之间的反应，也就影响和决定了砖的各项性能。所以，混料过程中，搅拌机和轮碾机对料的充分混合起了很重要的作用。

砖的初期强度是从砖坯成型过程中获得的，即在高压下，原材料颗粒间紧密接触，依靠分子间吸引力产生了自然的黏结性，从而砖的密实度变高，也就保证了物料颗粒之间的物理化学作用能够高效地进行。这不仅使砖坯具有一定的强度，同时也为后期强度的形成提供了条件。一般蒸养砖成型压力要求在 20 MPa 以上，如果没有高压成型作用，即使加入水泥和石灰，也无法形成高强度。

2. 水泥、石灰的水解及原料之间的水硬性胶凝反应

水泥、石灰等胶凝材料的水化产物提供蒸养砖早期强度，水化反应式为

$$3CaO \cdot SiO_2 + mH_2O \longrightarrow xCaO \cdot SiO_2 \cdot yH_2O + (3-x)Ca(OH)_2$$
$$2CaO \cdot SiO_2 + nH_2O \longrightarrow xCaO \cdot SiO_2 \cdot yH_2O + (2-x)Ca(OH)_2$$
$$4CaO \cdot Al_2O_3 \cdot Fe_2O_3 + 7H_2O \longrightarrow 3CaO \cdot Al_2O_3 \cdot 6H_2O + CaO \cdot Fe_2O_3 \cdot H_2O$$
$$CaO + H_2O \longrightarrow Ca(OH)_2$$

蒸养砖的原料中，如粉煤灰、炉渣中含有大量的活性氧化硅和活性氧化铝等物质，与氢氧化钙发生水化反应，生成类似于水泥水化产物的水硬性胶凝物质：水化硅酸钙，水化铝酸钙等，从而不断提高砖的强度。反应方程式为

$$xCa(OH)_2 + SiO_2 + mH_2O \longrightarrow xCaO \cdot SiO_2 \cdot nH_2O（水化硅酸钙 CSH）$$
$$xCa(OH)_2 + Al_2O_3 + mH_2O \longrightarrow xCaO \cdot Al_2O_3 \cdot nH_2O（水化硅酸铝 CAH）$$

另外，$Ca(OH)_2$ 可以吸收空气中的 CO_2 生成 $CaCO_3$ 晶体结构，即：

$$Ca(OH)_2 + CO_2 \longrightarrow CaCO_3 + H_2O$$

如有石膏存在时，有反应如下：

$$3CaO \cdot Al_2O_3 \cdot H_2O + 3CaSO_4 \cdot 2H_2O + nH_2O \longrightarrow 3CaO \cdot Al_2O_3 \cdot 3CaSO_4 \cdot (n+3)H_2O（钙矾石）$$

3. 颗粒表面的离子交换和团粒化作用

蒸养砖颗粒物料在水分子的作用下，表面形成了一层薄薄的水化膜，两个带有水化膜

的物料存在叠加的公共水膜。在公共水膜的作用下,一部分的化学键开始断裂、电离,形成胶体颗粒体系。胶体颗粒大多数表面带有负电荷,可以吸附阳离子。而不同价、不同离子半径的阳离子可以与料中生成的 $Ca(OH)_2$ 的 Ca^{2+} 等当量吸附交换。由于这些胶体颗粒表面的离子吸附与交换作用,改变了颗粒表面的带电状态,使颗粒形成了一个个小的聚集体,从而在后期反应中产生强度。

4. 各相间的界面反应

界面科学家认为一切的化学反应都是从界面开始的。在蒸养砖的强度产生体系中,有着液相与固相、固相与固相以及气相与固相之间的反应。比如在加水后,水泥等固化剂发生水化发应,就是液相和固相之间的反应;而各种干料,如粉煤灰和水泥等黏结在一起,就是固相与固相之间的反应;又如料中的 $Ca(OH)_2$ 被空气中的 CO_2 碳化生成 $CaCO_3$ 的反应,就是气相与固相间的反应。这些反应都是从两相的界面开始,不断地深入,使砖的强度不断增强。

综上所述,料的充分混匀和高压力,为砖的后期强度奠定了坚实的基础,而颗粒表面的离子交换和团粒化作用、水泥和石灰的水解和原料间的水化反应及各相间的界面作用,在砖强度形成的过程中是互相配合、互相补充交错进行的,是一个连续的过程。反应的过程是,物料间的水化膜和公共水化膜随着物料表面的离子交换作用而逐渐消失,最后生成的各种晶体生长交叉搭接在一起,形成空间网格结构,同时随着界面反应的不断完成,蒸养砖的强度一步步增强。

【仪器与试剂】

(1) 原料:粉煤灰、水泥、电石渣、炉渣。

(2) 实验仪器见表 6-6。

表 6-6　实验主要仪器

名称	型号	单位	数量
电液式压力试验机	WYA-2000	台	1
强碾式混砂机	SHQ30	台	1
路面材料强度试验仪	LD127-Ⅱ	台	1
立式压力蒸气灭菌器	YXQ-LS-50SⅡ	台	1
电热恒温鼓风干燥箱	S300	台	1
电子计算天平	DT5000	台	1
全自动压力试验机	YAW-300	台	1

【实验步骤】

1. 粉煤灰、锅炉渣制砖的工艺流程

首先测定原料含水率,按照设计配方将计量好的原料在强碾式混砂机中混合,加水轮碾均匀。混合料计量好倒入自制的砖模具(80 mm×38 mm×18 mm)中,用压力试验机压

制成型,成型好的样品在蒸养釜中用低压蒸汽养护。(注:标砖的尺寸为 240 mm×115 mm× 53 mm,为了减轻实验的劳动强度及节省原料,小砖的模具按标砖尺寸的 1/3 进行设计。小砖亦可以反映出实验规律,达到实验目的。)

实验中成型含水率控制在 15% 左右,成型压力为 20 MPa。蒸养釜低压养护蒸汽温度 80 ℃,1 个大气压,养护时间 12 h(图 6-5)。

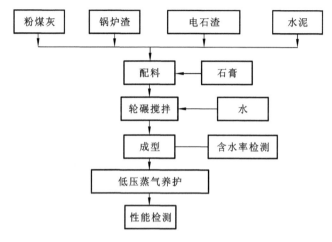

图 6-5　粉煤灰、锅炉渣制砖工艺流程图

2. 性能检测

中华人民共和国建材行业标准《蒸压粉煤灰砖》(JC/T 239—2014)中列出粉煤灰砖的技术要求有:尺寸偏差和外观质量、强度等级、抗冻性、线性干燥收缩值、碳化系数、吸水率、放射性核素限量。由于实验室条件及实验周期的原因,实验中主要进行强度测试。

抗折、抗压强度测试方法均参照《砌墙砖试验方法》(GB/T 2542—2012)。样品的性能检测,在没有特殊注明的情况下,均是在养护完后立刻按标准进行。

1)抗折强度

调整好试验机和抗折活动支架跨距,其跨距 L 为试件总长减去 20 mm。并将试件大面积平放在支架上,试样两端面与下支辊的距离应相同,当试样有裂缝或凹陷时,应使有裂缝或凹陷的大面朝下。加压点应放在 $\frac{1}{2}L$ 处,与支架平行。实验时,加荷应均匀平稳,以 50~150 N/s 的速度均匀加荷,直至试件折断,记录最大破坏荷重 P。砖的抗折强度 R_C 按式(6-12)计算,结果精确至 0.1 MPa。

$$R_C=\frac{3PL}{2BH^2} \qquad (6-12)$$

式中:R_C 为抗折强度,MPa;P 为最大破坏荷载,N;L 为试件跨距,等于 60 mm;B 为试件宽度,mm;H 为试件高度,mm。

实验结果的抗折强度,以 2 块试件的抗折强度的算术平均值和单块砖样的最小值表示,结果精确至 0.1 MPa。

2）抗压强度

试件上下两个面需互相平行，并垂直于侧面。将试样平放在压力机的承压板中央，加荷应均匀平稳，不能发生冲击或振动，加荷速度以 2～6 kN/s 为宜，压至试块破坏为止，记录最大破坏荷重 P。试件的抗压强度 R_P 依式(6-13)计算，结果精确至 0.1 MPa。

$$R_P = \frac{P}{LB} \tag{6-13}$$

式中：R_P 为抗压强度，MPa；P 为最大破坏荷载，N；L 为受压面（连接面）的长度，mm；B 为受压面（连接面）的宽度，mm。

实验结果以 2 块试样的抗压强度的算术平均值和单块试样的最小值表示，结果精确至 0.1 MPa。

【注意事项】

（1）测量每一个试件中间的宽度 B 与厚度 H，精确至 1 mm，取平均值。放在温度为 (20±5)℃的水中浸泡 24 h 后取出，用湿抹布拭去表面水分准备进行抗折实验。

（2）测量每个试件的连接面或受压面的长、宽尺寸各两个，分别取其平均值，精确至 1 mm。再将砖样切断或锯成 2 个相等的半截砖，如果先做了抗折实验，可直接取抗折实验后的试件做抗压强度的试件。然后按断口方向叠放，叠合部分边长必须大于 30 mm，如果断开的半截砖长小于 30 mm，应另取备用的试件补足。

（3）实验过程中在使用压力试验机时注意安全，必须在老师指导下熟练操作后才能进行实验。

【数据处理】

（1）电石渣掺量单因素对比实验方案（水泥掺量固定为 4%）见表 6-7。

表 6-7　粉煤灰砖试验配方与结果

配方	粉煤灰	炉渣	电石渣	水泥	抗折强度/MPa	抗压强度/MPa	养护条件
F1	36%	55%	5%	4%			80 ℃、12 h
F2	34%	52%	10%	4%			80 ℃、12 h
F3	32%	49%	15%	4%			80 ℃、12 h
F4	30%	46%	20%	4%			80 ℃、12 h

（2）水泥掺量单因素的对比实验方案（电石渣固定为 15%）见表 6-8。

表 6-8　粉煤灰砖试验配方与结果

配方	粉煤灰	炉渣	电石渣	水泥	抗折强度/MPa	抗压强度/MPa	养护条件
F5	37%	55%	5%	3%			80 ℃、12 h
F6	36%	53%	5%	6%			80 ℃、12 h
F7	34%	52%	5%	9%			80 ℃、12 h
F8	33%	50%	5%	12%			80 ℃、12 h

【思考题】

（1）粉煤灰活性的激发有哪些方法，在本次实验中主要运用了哪些方法，并讨论电石渣和水泥在粉煤灰砖中的作用。

（2）水泥掺量对粉煤灰砖强度有什么影响？

（3）电石渣掺量对粉煤灰砖强度有什么影响？

6.5　硅钼蓝分光光度法测定有效硅含量实验

【实验目的】

（1）了解有效硅的含义。

（2）掌握有效硅的测定方法。

【实验原理】

硅元素已被国际土壤界认为是继氮、磷、钾之后第 4 种植物营养元素，虽然其分布广泛，但能被植物吸收利用的硅酸化合物（有效硅）含量极少，因此以含硅矿物废渣为原料对硅进行活化是解决有效硅资源严重不足的一种有效途径。

按照一定的比例向电解锰渣中加入焙烧助剂——碳酸钠，在马弗炉中用坩埚于高温下焙烧一定的时间，使电解锰渣中的二氧化硅与碳酸钠反应生成硅酸盐，硅酸盐与稀酸反应后生成硅酸，即得有效硅。

在 pH 值约为 1.2 的溶液中，单硅酸与钼酸铵生成黄色可溶的硅钼杂多酸络合物 $[H_4Si(Mo_3O_{10})_4]$，然后以草酸掩蔽磷，用抗坏血酸将其还原为硅钼蓝络合物，其蓝色深浅与二氧化硅的浓度大小正相关，于波长 650 nm 处测定其吸光度，求得二氧化硅的浓度。

【仪器与试剂】

1. 仪器

天平、250 mL 锥形瓶、密封袋、橡皮筋、容量瓶、移液管、洗耳球、塑料漏斗、一次性塑料杯子、一次性胶头滴管、烧杯、量筒、恒温振荡器、分光光度计。

2. 试剂

（1）0.5 mol/L HCl：于 1 000 mL 的容量瓶中加入三分之二的蒸馏水，再向容量瓶中加入 41.6 mL 的盐酸，摇匀后定容。

（2）对硝基苯酚指示剂（1 g/L）：准确称取 0.100 0 g 对硝基苯酚于 250 mL 烧杯中，用乙醇溶解，然后转移至 100 mL 容量瓶中定容。

（3）氨水（1+1）：按照体积比为 1∶1 配制 100 mL 该溶液。

（4）硫酸（1+9）：量取 450 mL 蒸馏水于 500 mL 烧杯中，沿杯壁慢慢倒入 50 mL 硫酸，冷却后可用。

(5) 钼酸铵溶液(80 g/L):称取 80 g 四水合钼酸铵于 1L 烧杯中,加蒸馏水溶解,然后转移至 1 000 mL 容量瓶中定容。

(6) 硫酸(1+1):按照体积比为 1∶1 配制 500 mL 该溶液。

(7) 草酸溶液(50 g/L):称取 50 g 二水合草酸于 1L 的烧杯中,加蒸馏水溶解,然后转移至 1 000 mL 容量瓶中定容。

(8) 抗坏血酸溶液(20 g/L):称取 20 g 抗坏血酸于 1L 的烧杯中,加蒸馏水溶解,然后转移至 1 000 mL 容量瓶中定容,现配现用。

(9) 蒸馏水。

3. 样品

按照电解锰渣与碳酸钠的质量比为 1∶0.6 在马弗炉中高温焙烧所得。

【实验步骤】

1. 硅标准曲线的测定

准确移取 100 mg/L 的二氧化硅工作液 0.0 mL、0.5 mL、1.0 mL、2.0 mL、3.0 mL、4.0 mL、5.0 mL、6.0 mL、7.0 mL 于 100 mL 容量瓶中,加 1 滴对硝基苯酚指示剂,滴加氨水(1+1)至黄色出现,再滴加硫酸(1+9)至黄色恰好褪去,加入 30 mL 蒸馏水、2 mL 硫酸(1+9)、5 mL 钼酸铵溶液(80 g/L),每加一种试剂均混匀,放置 15~30 min 后,加 2 mL 硫酸(1+1)、10 mL 草酸溶液(50 g/L),立即加入 5 mL 抗坏血酸溶液(20 g/L),用蒸馏水稀释至刻度,混匀,静置 30 min,以试剂空白溶液作参比,于波长 650 nm 处测定其吸光度,记录入表 6-9。

2. 试样的测定

称取(0.500 0±0.000 5)g 焙烧后渣样于 250 mL 锥形瓶中,加入 0.5 mol/L 盐酸 100 mL,摇匀,加塞,于 28~30 ℃下于恒温振荡器上振荡 30 min,立即过滤,弃去最初的 10 mL 滤液。

准确移取 0.5 mL 滤液于 100 mL 容量瓶中,加 1 滴对硝基苯酚指示剂,滴加氨水(1+1)至黄色出现,再滴加硫酸(1+9)至黄色恰好褪去,加入 30 mL 蒸馏水、2 mL 硫酸(1+9)、5 mL 钼酸铵溶液(80 g/L),每加一种试剂均混匀,放置 15~30 min 后,加 2 mL 硫酸(1+1)、10 mL 草酸溶液(50 g/L),立即加入 5 mL 抗坏血酸溶液(20 g/L),用蒸馏水稀释至刻度,混匀,静置 30 min,以试剂空白溶液作参比,于波长 650 nm 处测定其吸光度,记录入表 6-10。

【注意事项】

(1) 配制硫酸及盐酸的时候一定要注意安全,要在通风橱操作。

(2) 称取 0.5 g 渣样的时候一定要准确。

(3) 干过滤时,要保持三角漏斗和一次性塑料杯子都是干的,一定要去除最开始的 10 mL 左右的滤液,发现没有过滤干净的样品需滤第二次。

(4) 加入钼酸铵后,溶液会变成黄色。

【数据处理】

（1）测定二氧化硅标准曲线。

表 6-9 二氧化硅标准曲线结果

质量浓度 c/(mg/L)	0	0.5	1	2	3	4	5	6	7
吸光度 A									

（2）计算二氧化硅的活化率

$$SiO_2 \ 的活化率(\%) = \frac{c \times \frac{100}{0.5} \times 100 \times 10^{-3}}{m \times 1\,000} \times 100\% \qquad (6\text{-}14)$$

式中：c 为所测吸光度值在标准曲线上所对应的二氧化硅质量浓度，mg/L；m 为所称渣样的质量，0.500 0 g。

表 6-10 二氧化硅活化率结果记录表

编号	平行 1	平行 2	平行 3
吸光度 A			
质量浓度 c/(mg/L)			
活化率/%			
标准偏差 S			

【思考题】

（1）实验过程中，哪些因素会影响最终的测量值？

（2）硅钼蓝分光光度法的测试原理是什么？

第 7 章　物理性污染控制工程实验

7.1　校园环境噪声监测实验

【实验目的】

(1) 掌握区域环境噪声的监测方法。

(2) 熟练掌握声级计的使用。

(3) 练习对非稳态的无规则噪声监测数据的处理方法。

(4) 学会画噪声污染图。

【实验原理】

校园噪声监测是以噪声分类、噪声特点、等效声级、统计声级、昼夜等效声级、标准偏差等指标的意义,以及测点选择原则等知识为基础,进行监测。本实验中采用等效连续声级及累计百分数声级对测试的校园噪声进行评价。

A 声级代表了人耳对不同频率声音的计权,它只反映噪声影响与频率的关系。通常噪声的 A 声级是变化的,不能简单地使用某一时刻的 A 声级,需要使用在一段时间内平均 A 声级来表示能量平均,即 L_{eq}。当测量读数时间间隔相等时,测量时段内的等效连续 A 声级可通过以下表达式计算

$$L_{eq} = 10\lg\Big[\frac{1}{T}\sum_{i=1}^{N} 10^{0.1L_{Ai}}\tau_i\Big] \tag{7-1}$$

$$L_{eq} = 10\lg\Big[\frac{1}{N}\sum_{i=1}^{N} 10^{0.1L_{Ai}}\Big] \tag{7-2}$$

式中:L_{eq} 为等效连续声级,dB;T 为总的测量时段,s;L_{Ai} 为第 i 个计权 A 声级,dB;τ_i 为采样间隔时间,s;N 为测试数据个数。

累计百分数声级 L_n 表示在测量时间内高于声级所占的时间为 $n\%$。对于统计特性符合正态分布的噪声,其累计百分数声级与等效连续 A 声级之间有近似关系

$$L_{eq} \approx L_{50} + \frac{(L_{10} - L_{90})^2}{60} \tag{7-3}$$

式中:L_{10} 表示 10% 的时间超过的噪声级,相当于噪声的平均峰值;L_{50} 表示 50% 的时间超过的噪声级,相当于噪声的平均值;L_{90} 表示 90% 的时间超过的噪声级,相当于噪声的本底值。

【仪器】

TES-1350 声级计或其他普通型号的声级计。

测量条件:

（1）天气条件要求无雨无雪,声级计应保持传声器膜片清洁。风力在三级以上必须加风罩,以免风噪声干扰。五级以上大风应停止测量。

（2）声级计固定在三脚架上,声级计离地面 1.2 m,传声器指向被测声源。声级计应尽量远离人身,以减少人身对测量的影响。

【实验步骤】

（1）将学校划分为 25 m×25 m 的网格,测量点选在每个网格的中心,若中心点有位置不宜测量,可移到旁边能测量的位置。

（2）3～4 人为一组,配置一台声级计,按顺序到各网格点测量,每一个网格至少测量三次,时间间隔尽可能相同。

（3）读数方式用快挡,每隔 10 s 读一个瞬时 A 声级,连续读取 100 个数据,读数同时要判断和记录附近主要噪声源(如交通噪声、施工噪声、生活噪声、锅炉噪声等)和天气条件。

【数据处理】

（1）根据某一位置所记录的 100 个原始声级数据,以数据序列为横坐标,A 声级为纵坐标绘制该点的噪声数据分析图。

（2）所测得的 100 个数据从大到小排列,找到第 10 个数据即为 L_{10},第 50 个数据即为 L_{50},第 90 个数据即为 L_{90}。

（3）根据等效连续 A 声级的计算公式,计算每一测量点的等效连续 A 声级,并与 GB 3096—2008《声环境质量标准》比对,评价是否符合标准。

（4）区域环境噪声污染可用等效声级 L_{eq} 绘制区域噪声污染图进行评价。以 5 dB 为一等,在地图上用不同的颜色或阴影表示各区域噪声的大小,规定见表 7-1。

（5）根据上述的噪声评价指标,评价校园的声环境,并给出合理的建议,以改善校园的声环境。

表 7-1　各噪声带颜色和阴影表示规定

噪声带/dB	颜色	阴影线
35 以下	浅绿色	小点,低密度
36～40	绿色	中点,中密度
41～45	深绿色	大点,高密度
46～50	黄色	垂直线,低密度
51～55	褐色	垂直线,中密度
56～60	橙色	垂直线,高密度
61～65	朱红色	交叉线,低密度
66～70	洋红色	交叉线,中密度
71～75	紫红色	交叉线,高密度
76～80	蓝色	宽条垂直线
81～85	深蓝色	宽条水平线

【思考题】

(1) 依据环境噪声等效声级限值,判断噪声达标情况。

(2) 标准偏差说明什么问题?

7.2 道路交通噪声测量实验

【实验目的】

(1) 加深对交通噪声特征的了解。

(2) 掌握等效声级及累计百分数声级的概念。

(3) 熟练掌握声级计的使用,并学会用普通声级计测量交通噪声。

【实验原理】

本实验中采用等效连续声级及累计百分数声级对测试的交通噪声进行评价。等效连续 A 计权声级,它等效于在相同的时间 T 内与不稳定噪声能量相等的连续稳定噪声的 A 声级。在同样的采样时间间隔下测量时,测量时段内的等效连续 A 声级可通过式(7-1)或式(7-2)计算。累计百分数声级 L_n 可用式(7-3)近似求值。

【仪器】

TES-1350 声级计或其他普通型号的声级计。

(1) 天气条件:测量应在无雨、无雪的天气条件下进行,风速要求在 5 m/s 以下。

(2) 测试点的选择:道路交通噪声的测点应选在交通干线两路口之间,道路边人行道上,距马路沿 20 cm 处,此处距两交叉路口应大于 50 m。交通干线是指机动车辆每小时流量不小于 100 辆的马路。这样该测点的噪声可用来代表两路口间该段马路的噪声。测点离地面高度大于 1.2 m,并尽可能避开周围的反射物(离反射物至少 3.5 m),以减少周围反射对测试结果的影响。

【实验步骤】

(1) 准备好符合要求的测试仪器,打开电源待稳定后,用校准仪器校准到标准声级。

(2) 在选定的测量位置,布置测点。

(3) 按等时间间隔(选取 5 s 或 10 s),读取各时间间隔内平均 A 声级。在测量开始时进行车流量计数,连续测量 200 个数据。

(4) 测量结束后,用校准器对仪器再次进行校准,检查前后校准误差是否小于 2 dB,否则重新测量。

(5) 将测量得到的 200 个 A 声级数据,按从大到小的顺序排列。读出第 20 个、第 100 个及第 180 个数据的声级值,它们依次分别为累计百分数声级 L_{10}、L_{50}、L_{90} 的值,再根据式(7-3)计算得到 L_{eq} 值。

【数据处理】

(1) 原始数据记录于表 7-2。

表 7-2　数据记录

环境噪声测量记录					
年　　月　　日				星期	天气
采样时间	时　　　　分				
采样地点	路与　　　　路交叉				
测量仪器					
计权网络		快慢挡			
噪声来源		车流量		辆/分	
采样间隔	5 s	采样总次数		200	
1	2	3	4	5	
…	197	198	199	200	

注:记录数据时,请另纸填写。

(2) 计算等效连续 A 声级。
(3) 计算统计声级。
(4) 依据计算所得结果,绘制噪声分布直框图。

【思考题】

(1) 在无机动车辆通过时,检测点的背景噪声约为多少?
(2) 检测路段的噪声是否超标? 依据所学知识提出降低交通噪声污染的措施。

7.3　手机近场电磁辐射强度数据采集实验

【实验目的】

(1) 了解电磁辐射暴露限值和测量方法。
(2) 了解日常生活中常用设备电磁辐射程度及安全距离。

【实验原理】

电磁辐射是指电磁波向空中发射或泄露的现象,过量的电磁辐射会造成电磁辐射污染。日常生活中人们使用的电子产品越来越多,它们在带给人们生活便捷的同时也使环境中电磁波增加。手机作为人们日常生活必备品,它产生的辐射也受到越来越多关注。

手机辐射水平会因手机类型的不同、离手机信号塔的远近,以及同片区域中使用手机人数的多少等而变化。通过测量不同型号手机在不同状态下的电磁辐射强度,分析研究手机电磁辐射特点和规律。

电磁辐射的量度物理量有电场强度(E)、磁场强度(H)和电磁感应强度(B)。电场强度是用来表示电场中各点电场强弱和方向的物理量,单位一般用 V/m,在微波领域常用功率密度表示,如 W/cm^2。磁场强度与电介质中的电位移矢量相对应,单位通常用 A/m。电磁感应强度为描述磁场强弱和方向的物理量,单位为特斯拉(T)。

【仪器】

(1) NBM550 电磁辐射分析仪。

(2) 计时器。

(3) 米尺。

(4) 不同品牌手机若干。

【实验步骤】

(1) 打开电磁辐射仪,完成校准,确保仪器可以正常使用。

(2) 测量不同型号手机的电磁辐射,将电磁辐射仪分别紧贴手机前后两端,测量不同手机在刚开机、拨电话、接电话、通话和使用数据业务时的电磁辐射强度,记录入表 7-3。

(3) 测量不同距离下手机的电磁辐射,将测量探头固定在距离手机前面板一定距离的地方,使手机与探头不发生相对位移,分别测量在 0.5 cm、1.0 cm、1.5 cm、2.0 cm、2.5 cm、3.0 cm、3.5 cm、4.0 cm 处手机的电磁辐射强度,记录入表 7-4。

(4) 测量不同数量手机同时使用时的电磁辐射,将两部手机放置在固定间距的位置,测量两部手机中心处及靠近手机端的电磁辐射强度,记录入表 7-5。

【数据处理】

(1) 原始数据记录。

表 7-3 不同型号手机的电磁辐射强度

手机型号	刚开机		拨电话		接电话		通话		使用数据业务	
	E/(V/m)	B/μT	E/(V/m)	B/μT	E/(V/m)	B/μT	E/(V/m)	B/μT	E/(V/m)	B/μT

表 7-4 不同距离手机的电磁辐射强度

距离/cm	0.5	1	1.5	2	2.5	3	3.5	4
E/(V/m)								
B/μT								

表 7-5　不同数量手机同时使用的电磁辐射强度

测量点	中心	手机 1	手机 2
$E/(V/m)$			
$B/\mu T$			

（2）通过与国家电磁辐射标准限值比较，以手机型号为横坐标，电磁辐射强度为纵坐标的柱状图分析不同型号手机在不同状态下电磁辐射强度大小。

（3）以距离为横坐标，电磁感应强度为纵坐标作出手机电磁辐射强度与距离的关系图。

【思考题】

（1）调查一下你周围人群手机的使用情况，谈谈对于手机辐射的危害的看法。

（2）提出安全使用手机的注意事项和减少及避免电磁辐射的方法。

第8章 环境工程综合实验

8.1 生物接触氧化法处理有机工业废水启动实验
——生物膜的接种、培养与驯化

【实验目的】

通过本综合实验,可进一步巩固有机物废水微生物法处理的原理、环境影响因素等,并掌握采用微生物法处理有机废水的启动、调试和运行过程。

【实验原理】

生物接触氧化法是以附着在载体(俗称填料)上的生物膜为主,净化有机废水的一种高效水处理工艺。具有活性污泥法特点的生物膜法,兼有活性污泥法和生物膜法的优点。在可生化条件下,不论应用于工业废水还是养殖污水、生活污水的处理,都取得了良好的经济效益。该工艺因具有高效节能、占地面积小、耐冲击负荷、运行管理方便等特点而被广泛应用于各行各业的污水处理系统。

生物处理是有机工业废水处理的重要环节,在这里氨/氮、亚硝酸、硝酸盐、硫化氰等有害物质都将得到去除,对以后流程中水质的进一步处理将起到关键作用。

如果能配合新型组合式生物填料使用,可加速生物分解过程,具有运行管理简便、投资省、处理效果好、最大限度地减少占地等优点。

1. 生物接触氧化法的反应机理

生物接触氧化法是一种介于活性污泥法与生物滤池之间的生物膜法工艺,其特点是在池内设置填料,池底曝气对污水进行充氧,并使池体内污水处于流动状态,以保证污水与填料充分接触。

该法中微生物所需氧由鼓风曝气供给,生物膜生长至一定厚度后,填料壁的微生物会因缺氧而进行厌氧代谢,产生的气体及曝气形成的冲刷作用会造成生物膜的脱落,并促进新生物膜的生长,此时,脱落的生物膜将随出水流出池外。生物接触氧化法具有以下特点。

(1)由于填料比表面积大,池内充氧条件良好,池内单位容积的生物固体量较高,因此,生物接触氧化池具有较高的容积负荷。

(2)由于生物接触氧化池内生物固体量多,水流完全混合,故对水质水量的骤变有较强的适应能力。

(3)剩余污泥量少,不存在污泥膨胀问题,运行管理简便。

影响生物膜生长、繁殖、处理废水效果的环境因素主要有:

（1）营养物：即水中碳、氮、磷之比应保持 100：5：1。

（2）溶解氧：溶解氧控制在 2～4 mg/L 较为适宜。

（3）温度：任何一种细菌都有一个最适生长温度，随温度上升，细菌生长加速，但有一个最低和最高生长温度范围，一般为 10～45 ℃，适宜温度为 15～35 ℃，此范围内温度变化对运行影响不大。

（4）酸碱度：一般 pH 为 6.5～8.5。超过上述规定值时，应加酸碱调节。

2. 生物接触氧化法处理有机工业废水的启动

生物接触氧化法处理有机工业废水系统的启动包括微生物的接种、培养、驯化三个阶段。接种可以引入用于有机废水降解的微生物；通过培养，可以使得专性的好氧微生物生长、繁殖、占主体地位；通过对微生物的驯化，可以筛选适合该工艺废水处理及环境的微生物。因此，微生物处理系统的启动对于采用生物法处理有机工业废水的投入运行有至关重要的作用。

1）微生物的接种

可从学校附近的城市污水处理厂取浓缩污泥，置于生物接触氧化池中，进行培养。

2）微生物的培养

利用接种的少量微生物，逐步繁殖进行培养。生物膜的培养实质就是在一段时间内，通过一定的手段，使处理系统中产生并积累一定量的微生物、使生物膜达到一定厚度。可通过向置有接种污泥的生物接触氧化池投加营养物（葡萄糖、面粉、啤酒、KNO_3、$(NH_4)_2HPO_4$ 等），并曝气，使微生物生长、繁殖。

3）微生物的驯化

驯化的目的是选择适应实际水质情况的微生物，淘汰无用的微生物。当生物膜的平均厚度在 2 mm 左右，生物膜培养即告成功，直到出水 BOD_5、SS、COD_{Cr} 等各项指标达到设计要求。

【仪器与试剂】

1. 仪器

（1）生物接触氧化池 1 座（尺寸 ϕ 150 mm×1 500 mm，材质有机玻璃）。

（2）污水泵（提升废水）1 台（流量 0.5 m³/h，扬程 8 m，功率 0.1 kW）。

（3）气泵（曝气用）1 台（气量 0.48 m³/min，压力 5 m H_2O）。

（4）纤维填料（组合式）。

（5）废水调节池（尺寸 400 mm×400 mm×600 mm，材质 PVC）。

（6）连接各构筑物间的工艺管道、管件、阀门，实验工艺流程如图 8-1 所示。

（7）便携式溶解氧（DO）测定仪。

2. 试剂

（1）降解有机废水的微生物：从学校附近的城市污水处理厂取污泥。

（2）微生物培养阶段的营养物：葡萄糖、面粉、啤酒、KNO_3、$(NH_4)_2HPO_4$ 等。

（3）测 BOD_5 的试剂和药品。

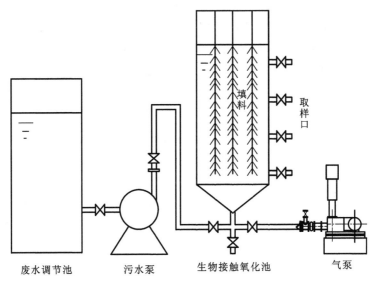

废水调节池　　　　　污水泵　　　　生物接触氧化池　　　　气泵

图 8-1　实验装置示意图

（4）测 COD_{Cr} 的试剂和药品。

【实验步骤】

1. 某未知有机工业废水的水质分析

分析指标：pH、水温、DO、COD、BOD_5、BOD_5/COD_{Cr}、总氮、总磷。根据该有机工业废水污染物成分，判断其可生化性。

2. 组装生物接触氧化处理系统

计算主要构筑物的工艺参数。

3. 浓缩污泥接种

从学校附近的城市污水处理厂取浓缩污泥，置于生物接触氧化池中，进行培养。

具体做法：将取回的浓缩污泥置于接触氧化池中，接种污泥体积为生化池有效容积的10%，加满清水，然后静置 24 h，使固着态微生物接种到填料上。

4. 微生物的培养

将接种后的微生物系统的水放空，每天一次以 BOD_5：N：P=100：5：1 比例投加由营养物［葡萄糖、面粉、啤酒、KNO_3、$(NH_4)_2HPO_4$ 等］配制而成的有机营养液，营养液的 COD 以 500～800 mg/L 为宜。然后开始曝气培养（溶解氧控制在 2～4 mg/L），连续曝气 22 h，静置沉淀 2 h 后，排放池中的水。再投有机营养液、曝气。每天重复一次。持续 7 天，可看到填料表面已经生长了薄薄一层黄褐色生物膜。

测定指标：

（1）每天测定生物接触氧化池溶解氧、温度、pH 值 2～3 次。

（2）每天测定曝气池投加的营养液的 COD、处理后（静置沉淀后的排放水）的 COD。

5. 微生物的驯化

经过接种、培养过程后,接触氧化池的填料上已长满一层生物膜。通过逐步进水的方式(表 8-1),使生物膜逐渐适应该有机工业废水,并筛选出优势菌种。

表 8-1　微生物驯化的进水方式

日期	进水配比	
第 1 天	10%体积工业废水	90%体积营养液
第 2 天	20%体积工业废水	80%体积营养液
第 3 天	30%体积工业废水	70%体积营养液
第 4 天	40%体积工业废水	60%体积营养液
第 5 天	50%体积工业废水	50%体积营养液
第 6 天	60%体积工业废水	40%体积营养液
第 7 天	70%体积工业废水	30%体积营养液
第 8 天	80%体积工业废水	20%体积营养液
第 9 天	90%体积工业废水	10%体积营养液
第 10 天	100%体积工业废水	—

每天连续曝气 22 h(溶解氧控制在 2~4 mg/L),静置沉淀 2 h 后,排放池中的水。再换水、曝气、静沉、排水,每天重复上述操作一次。

测定指标:

(1) 每天测定生物接触氧化池溶解氧、温度、pH 2~3 次。

(2) 每天测定曝气池投加的进水(营养液＋有机工业废水)的 COD、处理后(静置沉淀后的排放水)的 COD。另外,在第 10 天,补测进水、出水的 BOD_5。

(3) 驯化结束时,生物膜的生物相的镜像观察。

6. 数据记录

(1) 该工业废水的水质指标的测定(pH、水温、DO、COD、BOD_5. BOD_5/COD_{Cr}、总氮、总磷)。

(2) 微生物培养阶段(7 天)进出水的 pH、水温、DO、COD。

(3) 微生物驯化阶段(10 天)进出水的 pH、水温、DO、COD。

(4) 驯化阶段最后一天进出水的 BOD_5。

(5) 驯化结束时,生物膜的生物相的镜像观察。

7. 实验分组及实验过程中的分工、值班安排

(1) 实验分为 3 个大组,按学号顺序来分。

(2) 每大组分为 4 个小组,每小组约 4~5 人。4 个小组每天轮流值班。

(3) 各大组每天负责值班的小组同学要按照实验步骤进行系统的操作和调试,控制系统工艺状况,测定进出水水质,记录实验过程中观察到的现象、微生物生产情况等。

8.2　利用粉煤灰、铝矾土制备聚合氯化铝絮凝剂实验

【实验目的】

(1) 掌握聚合氯化铝的制备、表征及评价方法。

(2) 利用聚合氯化铝处理含油废水,并测定处理后水的浊度、COD。

(3) 树立废物利用,发展循环经济的理念。

【实验原理】

絮凝剂是我国污水处理过程中必需的化学试剂,絮凝剂的作用原理是通过键合作用与水中悬浮颗粒结合,在适宜的条件下形成网状结构而沉积,从而起到很好的絮凝作用,它可以用来降低水的浊度、色度,去除多种高分子有机物、某些重金属和放射性物质。絮凝过程作为水处理工艺流程中不可缺少的前置关键环节,其效果的好坏直接影响后续工艺流程的运行情况、最终出水的水质和成本费用。

聚合氯化铝(PAC)是 20 世纪末 60 年代末发展起来的一类新型高分子絮凝剂,具有优越的净水性能,与传统药剂相比,药效较高而价格较低,是应用广泛的无机絮凝剂之一。PAC 絮凝效果较好,并且具有用量少、对水体 pH 影响小,适宜投加范围广,絮凝效果对温度变化不敏感,矾花形成迅速等特点。

粉煤灰和铝矾土中含有部分 Al_2O_3,两者以一定比例混合,在酸的作用下可将其中的铝提取出来,进一步制备聚合氯化铝。

【仪器】

(1) 电子天平 1 台。

(2) HJ-6 六联磁力加热搅拌器 1 台。

(3) SHZ-D(Ⅲ)型循环水真空泵 1 台。

(4) 电子万用炉 1 台。

(5) 浊度仪 1 台。

【实验步骤】

1. 聚合氯化铝的制备

称取粉煤灰和铝矾土的混合物(其中粉煤灰比例为 10%～30%)40 g,加入 17% 的盐酸 120 mL,在搅拌条件下加热 2 h 后进行抽滤,得到滤液,测定其中铝含量。分三次向滤液中加入铝酸钙粉 20 g,加入过程边加热边搅拌。反应时间为 1 h,期间向溶液中加水调节使体积为原体积的两倍,pH 值在 3.5～3.9,液体密度在 1.20～1.25 g/cm³。熟化一天,得到聚合氯化铝溶液。

2. 铝含量的测定

1) 方法提要

在试样中加酸使试样解聚。加入过量的乙二胺四乙酸钠溶液,使其与铝及其他金属

络合。用氯化锌标准溶液滴定剩余的乙二胺四乙酸钠,再用氟化钾溶液解析出铝离子,用氯化锌标准溶液滴定析出的乙二胺四乙酸钠。

2) 试剂和材料

(1) 硝酸:1+12 溶液。

(2) 乙二胺四乙酸钠溶液:浓度约 0.05 mol/L。

(3) 乙酸钠缓冲溶液:取乙酸钠 272 g 溶于蒸馏水中,稀释成 1 000 mL,混匀。

(4) 氟化钾溶液:500 g/L 溶液盛于塑料瓶内保存。

(5) 二甲酚橙:5 g/L 溶液。

(6) 氯化锌($ZnCl_2$):浓度约 0.02 mol/L 标准滴定溶液。

3) 分析步骤

称取 8 g 试样,精确至 0.000 2 g,加水溶解,全部移入 100 mL 容量瓶中,稀释至刻度,摇匀。用移液管移取 2 mL,置于 250 mL 锥形瓶中,加 2 mL 硝酸溶液,煮沸 1 min,冷却后加 20 mL 乙二胺四乙酸钠溶液,再用乙酸钠缓冲溶液调节 pH 值约为 3(用精密试纸检验),煮沸 2 min,冷却后加入 10 mL 乙酸钠缓冲溶液和 2 滴二甲酚橙指示液,用氯化锌标准溶液滴定至溶液由淡黄色变为微红色。加入 10 mL 氟化钾溶液,加热至微沸。冷却,此时溶液应成黄色,若溶液呈红色,则滴加硝酸至溶液呈黄色,再用氯化锌标准溶液滴定,溶液颜色由淡黄色变为为红色即为中点。

4) 分析结果的表述

以质量分数表示氧化铝(Al_2O_3)的含量

$$X_1 = \frac{V_c \times 0.050\ 98}{m \times \frac{2}{100}} \times 100 \tag{8-1}$$

式中:V 为第二次滴定消耗的氯化锌标准滴定溶液的体积,mL;c 为氯化锌标准滴定溶液的实际浓度;m 为试样的质量,g。

3. 盐基度的测定

1) 方法提要

在试样中加入定量盐酸溶液,再加氟化钾掩蔽铝离子,然后以氢氧化钠标准滴定溶液滴定。

2) 试剂和材料

(1) 盐酸溶液:浓度约 0.5 mol/L 溶液。

(2) 氢氧化钠溶液:浓度约 0.5 mol/L 标准滴定溶液。

(3) 酚酞:10 g/L 乙醇溶液。

(4) 氟化钾:500 g/L 溶液。

3) 分析步骤

称取约 1.8 g 试样,精确至 0.000 2 g,用 20～30 mL 水溶解后移入 250 mL 锥形瓶中,用移液管准确加入 25 mL 盐酸溶液,盖上表面皿,加热 10 min,冷却至室温,再加入氟化钾溶液 25 mL,摇匀,加 5 滴酚酞指示剂,立即用氢氧化钠标准溶液滴定至淡红色为终点。同时用煮沸后冷却的蒸馏水代替试样做空白实验。

4）分析结果的表述

以质量分数表示的盐基度

$$X_2 = \frac{(V_0 - V)c \times 0.016\,99}{\dfrac{mX_1}{100}} \times 100\% \tag{8-2}$$

式中：V_0 为空白实验消耗氢氧化钠标准滴定溶液的体积，mL；V 为测定试样消耗氢氧化钠标准滴定溶液的体积，mL；c 为氢氧化钠标准滴定溶液的实际浓度，mol/L；m 为试样的质量，g；X_1 为氧化铝含量，%；0.016 99 为 1.00 mL 氢氧化钠标准滴定溶液[$c(\mathrm{NaOH}) = 1.000$ mol/L]相当的以克表示的氧化铝的质量。

4. 浊度的测定

取 100 mL 某废水，依次加入 0 mL、0.1 mL、0.5 mL、1 mL、2 mL、3 mL 聚合氯化铝，先快速搅拌 1 min，再慢速搅拌 3 min，然后静置 5 min，测定上清液中的剩余浊度。

8.3　纳滤分离水中盐分和有机物实验

【实验目的】

（1）了解纳滤的原理及实验装置构造。

（2）掌握盐分浓度的测定方法。

（3）掌握测定化学需氧量的原理和技术。

【实验原理】

膜是具有选择性分离功能的材料，利用膜的选择性分离实现料液的不同组分的分离、纯化、浓缩的过程称作膜分离。它与传统过滤的不同在于，膜可以在分子范围内进行分离，并且这种过程是一种物理过程，不需发生相的变化和添加助剂。膜的孔径一般为微米级，依据其孔径的不同（或称为截留分子量），可将膜分为微滤膜、超滤膜、纳滤膜和反渗透膜。工艺中各种膜的分离与截留性能以膜的孔径和截留分子量来加以区别，图 8-2 简单示意了四种不同的膜分离过程（箭头反射表示该物质无法透过膜而被截留）。

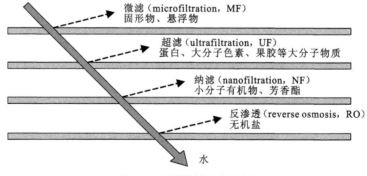

图 8-2　不同的膜分离过程

　　膜分离技术是指利用选择性透过膜作为分离介质,当膜两侧存在某种推动力(如压力差、浓度差、电位差等)时,原料侧组分选择性地透过膜,以达到分离、提纯目的的一种高效的分离方法。纳滤膜一般都为荷电膜,对于各种溶质的分离机理可以分为膜的溶解和扩散作用、膜的筛分效应、膜的道南效应,以及膜的筛分和道南综合效应等。对于非极性溶质通过纳滤膜时的截留率以及分子量相差较大的溶质分离主要取决于筛分效应(sieving effect)或尺寸效应(size effect)。膜分离的基本工艺流程如图 8-3 所示,在过滤过程中料液通过泵的加压,以一定流速沿着滤膜的表面流过,大于膜截留分子量的物质分子不能透过膜而流回料罐,小于膜截留分子量的物质或分子透过膜,形成透析液。故膜系统都有两个出口,一个是回流液(浓缩液)出口,另一个是透析液出口。

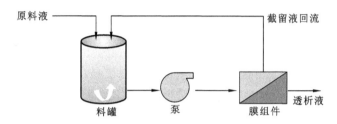

图 8-3　膜分离操作基本工艺流程

　　实验中所用的纳滤膜是一种截留分子量为 250 的复合膜,实验过程中,料液中的有机物(平均分子量为 1 000)被纳滤膜截留不能透过膜而流回料罐中,小于膜截留分子量的盐分(氯化钠)透过膜形成透析液,从而实现盐分和有机物的分离。用化学需氧量的值来间接表示有机物的浓度:在强酸性溶液中,准确加入过量的重铬酸钾标准溶液,加热回流一定时间,将水样中还原性物质(主要是有机物)氧化,过量的重铬酸钾以试亚铁灵作指示剂,用硫酸亚铁铵标准溶液回滴,根据消耗重铬酸钾标准溶液的量计算水样化学需氧量的值。水的电导率与其所含无机酸、碱、盐的量有一定关系。当它们的浓度较低时,电导率随浓度的增大而增加,因此,用电导率值来测定透析液中离子的总浓度或含盐量。

【仪器与试剂】

1. 仪器

　　(1) 2540 膜系统(图 8-4)。

　　(2) Multi340i 手提式多参数测试仪(德国 WTW 公司)。

　　(3) 250 mL 全玻璃回流装置、加热装置(电炉)。

　　(4) 50 mL 酸式滴定管、锥形瓶、移液管、容量瓶等。

2. 试剂

　　(1) 聚乙二醇 1000、氯化钠。

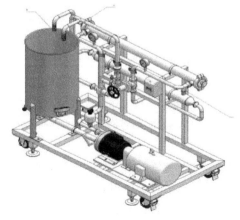

图 8-4　2540 膜系统

（2）重铬酸钾标准溶液$\left[C\left(\frac{1}{6}K_2Cr_2O_7\right)=0.250\,0\ mol/L\right]$。

（3）试亚铁灵指示液。

（4）硫酸亚铁铵标准溶液$\{C[(NH_4)_2Fe(SO_4)_2\cdot6H_2O]\approx0.1\ mol/L\}$。

（5）硫酸-硫酸银溶液、硫酸汞。

【实验步骤】

（1）检查料液的输出、浓缩液的输出、透析液的输出管路，确保所有管道结合紧密而无渗漏，按工艺要求检查阀门的应开应关位置是否正确。

（2）将 30L 水倒入料罐中，打开设备总电源，浓缩液出口调节阀全开，启动高压泵，缓慢关闭浓缩液出口调压阀，使系统达到设定的进膜压力。

（3）缓慢调节调压阀使进膜压力分别为 0.4 MPa、0.8 MPa、1.2 MPa、1.6 MPa、2.0 MPa、2.5 MPa，稳定 1 min 后，用体积法测量并记录透析液的流量 Q（测三次取平均值）用以计算膜的透水通量 J_w，并绘制膜的透水通量 J_w 与操作压力 ΔP 的关系曲线。测试结束后关闭高压泵，打开料液输出阀将料液罐中剩余的水全部排出。

（4）将 30L 含有氯化钠（2 g/L）和聚乙二醇 1000（2 g/L）的水倒入料罐中，浓缩液出口调节阀全开，启动高压泵，缓慢关闭浓缩液出口调压阀，使系统达到设定的进膜压力 2.0 MPa，并开始计时。在运行时间分别为 1 min、3 min、5 min、10 min、15 min 时同时在浓缩液和透析液出口各取样 500 mL。

（5）关闭高压泵，打开料液输出阀将料液罐中剩余料液全部排出。

（6）用去离子水对系统进行清洗：首先需将系统内残留料液用去离子水顶出系统，然后将系统转换到清洗的阀门状态，即浓缩液和渗透液均回罐循环，启动高压泵，将压力控制设定值调到 6.9×10^5 Pa，运行 15 min，关闭高压泵，打开料液输出阀将料液罐中剩余的水全部排出。

（7）氯化钠浓度与电导率关系曲线的制作：分别准确称取一定量的氯化钠配成浓度为 0.0 g/L、0.2 g/L、0.5 g/L、0.8 g/L、1.0 g/L、1.5 g/L、2.0 g/L、2.5 g/L 的溶液 100 mL，测其电导率值，绘制电导率与氯化钠浓度关系曲线。

（8）用 Multi340i 手提式多参数测试仪分别测定并记录所取样品的电导率值，根据电导率与氯化钠浓度关系曲线求出所取样品的氯化钠浓度，计算盐的透过率 T，绘制透析液和浓缩液中盐浓度与时间的关系曲线。

（9）加入 0.4 g 硫酸汞于回流玻璃试管中，分别取 20 mL 不同运行时间的浓缩液作为水样，准确加入 10.00 mL 的重铬酸钾标准溶液及数粒小玻璃珠或沸石，慢慢加入 30 mL 硫酸-硫酸银溶液，轻轻摇动使溶液混匀，连接磨口回流冷凝管，加热回流 2 h（自沸腾时计时）。

（10）冷却后（关电后约 5 min）用 90 mL 水冲洗冷凝管壁，取下冷凝管。

（11）溶液再度冷却后，加 3 滴试亚铁灵指示液，用硫酸亚铁铵标准溶液滴定，溶液的颜色由黄色经蓝绿色至红褐色即为终点，记录硫酸亚铁铵标准溶液的用量。

（12）测定水样的同时，取 20.00 mL 二次蒸馏水，按同样操作步骤作空白实验。记录滴定空白时硫酸亚铁铵标准溶液的用量。

（13）计算浓缩液中各时间点的 COD 值，并绘制浓缩液中有机物浓度（COD 值）与时间的关系曲线。

【数据处理】

（1）纯水透过通量 $J_w[\text{L}/(\text{m}^2/\text{h})]$

$$J_w = \frac{\Delta V}{\Delta t \cdot A} \tag{8-3}$$

式中：ΔV 表示一定时间内透过的水的体积，L；t 表示操作时间，h；A 表示膜面积（$A=1.77\ \text{m}^2$）。

（2）盐的透过率 T

$$T = \frac{C_{\text{salt,P}}}{C_{\text{salt,f}}} \tag{8-4}$$

式中：$C_{\text{salt,P}}$ 和 $C_{\text{salt,f}}$ 分别表示透过液和料液中氯化钠的浓度。

（3）化学需氧量的计算

$$\text{COD}_{\text{Cr}}(O_2,\ \text{mg/L}) = \frac{(V_0 - V_1) \times c \times 8 \times 1\,000}{V} \tag{8-5}$$

式中：c 为硫酸亚铁铵标准溶液的浓度，mol/L；V_0 为滴定空白时硫酸亚铁铵标准溶液用量，mL；V_1 为滴定水样时硫酸亚铁铵标准溶液用量，mL；V 为水样体积，mL；8 为氧$\left(\frac{1}{2}O\right)$摩尔质量，g/mol。

【思考题】

（1）膜分离技术同其他分离技术相比，具有哪些特点？

（2）膜分离技术可以用于哪些领域？

（3）纳滤膜与其他膜的区别主要是什么？

（4）实验过程中应该注意的事项？

8.4　湖泊沉积物中磷元素形态调查实验

【实验目的】

（1）了解底质中磷元素的存在形态。

（2）掌握底质中不同磷元素结合形态的检测方法。

（3）了解底质不同磷元素结合形态对总磷的贡献率。

【实验原理】

底质是湖泊水体的三大环境要素（水质、水生生物及底质）之一，是湖泊富营养化调查研究的主要内容。输入湖泊水体的营养性污染物相当一部分经过各种物理、化学和生物过程在底质中累积,成为湖泊氮磷内负荷的重要蓄积库,与湖泊水质、水生生物等有密切联系,因此在进行富营养化调查研究,尤其对浅水湖泊,应充分重视湖泊底质在湖泊富营养化过程中所起的作用。

湖泊底质中营养性污染物的释放,会促进水体中藻类的大量繁殖。磷是影响水体富营养化的关键营养元素。一般认为当水体中磷浓度在 0.02 mg/L 以上时,对水体的富营养化就起明显的促进作用。而沉积物中磷形态通常分为水溶性磷(P_{sol})、铝磷(P_{Al})、铁磷(P_{Fe})、钙磷(P_{Ca})、还原态可溶性、闭蓄磷(P_{o-p})、有机磷(P_{org})等化学形态。标准测试程序(SMT)法测定全磷采用高温灰化后强酸浸提的方法,不需强毒性的 $HClO_4$ 和强腐蚀性的 H_2SO_4,避免了实验过程中酸挥发对操作人员的影响,对实验室环境的要求较低。采用酸碱提取酸式磷和碱式磷,高温消解提取有机磷和无机磷,研究磷的不同形态的含量及其空间分布,评价各种磷形态在总磷中的比例。

【仪器与试剂】

(1) 马弗炉,分光光度计,感量 0.000 1 g 天平,干燥器,坩埚,离心机,恒温振荡器,60目及 100 目筛子,碾钵。

(2) 抗坏血酸,100 g/L 溶液:溶解 10 g 抗坏血酸($C_6H_8O_6$)于水中,并稀释至 100 mL。此溶液储于棕色的试剂瓶中,在冷处可稳定几周。如不变色可长时间使用。

(3) 钼酸盐溶液:溶解 13 g 钼酸铵于 100 mL 水中。溶解 0.35 g 酒石酸锑钾于 100 mL水中。在不断搅拌下把钼酸铵溶液徐徐加到 300 mL 硫酸(1+1)中,加酒石酸锑钾溶液并且混合均匀。此溶液储存于棕色试剂瓶中,在冷处可保存 2 个月。

(4) 磷标准储备溶液:称取(0.2197±0.001) g 于 110 ℃ 干燥 2 h 在干燥器中放冷的磷酸二氢钾,用水溶解后转移至 1 000 mL 容量瓶中,加入大约 800 mL 水、加 5 mL 硫酸(1+1)用水稀释至标线并混匀。1.00 mL 此标准溶液含 50.0 μg 磷。本溶液在玻璃瓶中可储存至少 6 个月。

(5) 磷标准使用溶液:将 10.0 mL 的磷标准储备溶液转移至 250 mL 容量瓶中,用水稀释至标线并混匀。1.00 mL 此标准溶液含 2.0 μg 磷。使用当天配制。

(6) 3.5 mol/L HCl,1 mol/L NaOH。

【实验步骤】

1. 采样点的确定

底质是一个不均匀体,给采样带来很大困难,了解底质的不均匀性对采好样品有很重要的意义。底质在水平和垂直分布上都有很大差异,采样时要充分考虑湖泊底质的局部差异性。根据调查湖泊的大小和污染程度选设适当数量的采样点,但应包括湖心或其他有代表性的采样点,在主要河流入湖处和排放口周围增设采样点,一般与湖水同时采样。

2. 样品的采集及处理

用蚌式采样器采集底泥,在一确定的网格内任选若干点,每点采集三份底泥样,每份重约 2.0 kg,将各点所采样品混合起来。底泥样品在采集后,留取部分冷冻保存以供鲜样测定,其他部分尽快风干碾碎,剔除杂物和 2mm 以上的沙砾,采用四分法将各个样点的三份相同类型样品等量缩分至一份,留作分析的样品用玻璃棒或玛瑙研钵磨细至全部通过 100 目筛,充分混匀装瓶备用。

3. 样品的消解

称取过 100 目的烘干土壤样品 0.1000 g,转移至瓷坩埚中,放置于马弗炉中在 450 ℃下灰化 3 h,冷却后转移至聚乙烯离心管中,加入 3.5 mol/L HCl 约 10 mL 在室温下振荡 16 h,3 500 r/min,离心约 15 min,得上清液,用钼酸盐法测总磷。

0.1000 g 沉积物,1 mol/L NaOH 约 10 mL,振荡 16 h 后离心;取 5 mL 上清液加入 3.5 mol/L HCl 1 mL,静止 16 h 后离心,上清液中为 Fe-Al 结合态磷;提取后的残渣加入 1 mol/L HCl 10 mL,振荡 16 h 后离心分离,测上清液中 Ca 结合态磷,分别用钼酸盐法测定。

0.1000 g 沉积物,加入 1 mol/L HCl 10 mL,振荡 16 h 后离心分离,测定上清液中得无机磷(IP);残渣用 6 mL 去离子水分 2 两次洗涤,在 450 ℃ 下灰化 3 h,冷却后转移至聚乙烯离心管中,加入 1 mol/L HCl 约 10 mL 在室温下振荡 16 h,3 500 r/min 离心约 15 min,得上清液中有机磷(P_{org})。

4. 绘制标准曲线

取 7 支具塞刻度管分别加入 0.0 mL、0.50 mL、1.00 mL、3.00 mL、5.00 mL、10.0 mL、15.0 mL 磷酸盐标准溶液。加水至 50 mL,分别向各份消解液中加入 1 mL 抗坏血酸溶液混匀,30 s 后加 2 mL 钼酸盐溶液充分混匀。室温下放置 15 min 后,700 nm 波长下,以浓度空白溶液作参比,测出吸光度。

5. 样品检测

移取步骤 3 所得离心上清液 1~2 mL 移至 50 mL 比色管中,稀释至标线,按步骤 4 显色,以空白试验溶液为参比液调零点,测定 700 nm 处吸光度。从标准曲线上查得磷的含量。

6. 结果计算

液体中磷含量以质量浓度 c(mg/L)按下式计算:

$$c = m/v \tag{8-6}$$

式中:m 为试样测得含磷量,μg;v 为测定用试样体积,mL。

沉积物中磷含量按下式计算:

$$沉积物中磷含量 = c \times 50/(V_1 \times V_2 \times m) \tag{8-7}$$

式中:V_1 为取样体积,V_2 为总体积。

【思考题】

(1) 水体中氮、磷的主要来源有哪些?

(2) SMT 法测磷的原理?

(3) 用分光光度计测吸光度时,如果比色皿中有气泡对结果有什么影响?

8.5　电渗析除盐淡化实验

【实验目的】

(1) 了解电渗析实验装置的构造及工作原理。

(2) 熟悉电渗析配套设备,学习电渗析实验装置的操作方法。

(3) 掌握电渗析法除盐技术,求脱盐率。

【实验原理】

在外加直流电场作用下,利用离子交换膜的选择透过性,即阳膜只允许阳离子透过,阴膜只允许阴离子透过,使水中阴、阳离子做定向迁移,从而达到离子从水中分离。

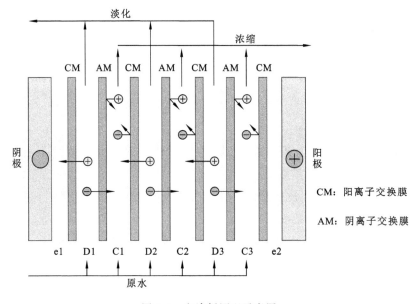

图 8-5　电渗析原理示意图

如图 8-5 所示,在电渗析器内,阴极和阳极之间,将阳膜与阴膜交替排列,并用特制的隔板将这两种膜隔开,隔板内有水流的通道。进入淡水室的含盐水,在两端电极接通直流电源后,即开始电渗析的过程,水中阳离子不断透过阳膜向阴极方向迁移,阴离子不断透过阴膜向阳极方向迁移,结果是含盐水逐渐变成淡化水。而进入浓水室的含盐水,由于阳离子在向阴极方向迁移中不能透过阴膜,阴离子在向阳极方向迁移中不能透过阳膜,含盐水却因不断增加由邻近淡化室迁移透过的离子而变成浓盐水。这样电渗析器中,组成了淡水和浓水两个系统。与此同时,在电极和溶液的界面上,通过氧化、还原反应,发生电子与离子之间的转换,即电极反应。以食盐水为例,阴极还原反应为

$$H_2O \longrightarrow H^+ + OH^-$$

$$2H^+ + 2e^- \longrightarrow H_2 \uparrow$$

阳极氧化反应为

$$H_2O \longrightarrow H^+ + OH^-$$

$$4OH^- \longrightarrow O_2\uparrow + 2H_2O + 4e^-$$

或

$$2Cl^- \longrightarrow Cl_2\uparrow + 2e^-$$

所以,在阴极不断排出氢气,在阳极不断有氧气或氯气放出。在阴极室溶液呈碱性,水中 Ca^{2+}、Mg^{2+}、HCO_3^- 等离子会生成 $CaCO_3$ 和 $Mg(OH)_2$ 水垢,依附在阴极上。而阳极室溶液则呈酸性,对电极造成强烈的腐蚀。

在电渗析过程中,电能的消耗主要用来克服电流通过溶液、膜时所受到的阻力,以及进行电极反应。运行时,处理水不断地流入交替相间的隔室,这些隔室是被阴阳交换膜交替隔开的,在外加直流电场的作用下,原水中的阴阳离子在水中发生定向迁移,最终形成淡水室、浓水室以及极室。淡水室出水即为淡化水,浓水室出水即为浓盐水,极室出水不断排除电极过程的反应物质,以保证电渗析的正常进行。

【仪器与药品】

(1) 实验仪器:电渗析实验装置、电导率仪、烧杯(100 mL)、容量瓶(100 mL)等。

(2) 药品:氯化钠。

【实验过程】

(1) 在实验前,必须掌握处理装置的所有设备、连接管路的作用及相互之间的关系,了解其工作原理。在此基础上方可开始进行装置的启动和运行。

(2) 向水箱中加入其体积约一半的水样(含盐量 35 mmol/L,用自来水、NaCl 配置)进行实验,并测定原水样的电导率。

(3) 启动进水泵,调节流量阀在 1/2 处,使浓水室、淡水室的流量大致相同。运行 3~5 min 后接通直流电源,电流表显示出工作电流,1 min 后电流逐渐减小,以至稳定。

(4) 每隔 5 min,测定两个出口水样的电导率(测定两次,求其平均值),连续运行 30 min。同时记录整个过程中的电流大小。并判断淡水口和浓水口。

(5) 电极换向。采用换向阀联动倒极方式对电渗析器进行电极极性倒换,以改善电渗析的运行性能。倒极操作每 30~60 min 进行一次。先切断电源,将淡水室的水排放 1~2 min。然后将换向阀按箭头标示旋动 90 度,再按一下电源开关,极向指示灯原先亮的一只暗了,原先暗的一只亮了,说明电渗析器已完成电极转换。

(6) 改变流量(调节流量阀到最大处),重复操作(4)。

(7) 实验完毕,先停电渗析器的直流电源,后停泵停水。

(8) 氯化钠浓度与电导率关系曲线制作:分别准确称取一定量的氯化钠配成浓度为 0.0 g/L、0.5 g/L、0.8 g/L、1.0 g/L、1.5 g/L、2.0 g/L、2.5 g/L、3.0 g/L 的溶液 100 mL,测其电导率值,绘制电导率与氯化钠浓度的关系曲线。

【数据处理】

除盐率(η)是指去除的盐量与进水含盐量之比，即

$$\eta = \frac{C_1 - C_2}{C_1} \times 100\% \tag{8-8}$$

式中：C_1 为进水含盐量，mmol/L；C_2 为淡水出口含盐量，mmol/L。

表 8-2　阀门 $\frac{1}{2}$ 流量时数据记录表

阀门 1/2 流量						
测次	1	2	3	4	5	6
原水样电导率/(μs/cm)						
淡水出口电导率/(μs/cm)						
浓水出口电导率/(μs/cm)						
除盐效率/%						
电流/mA						
电压/V						

表 8-3　阀门最大流量时数据记录表

阀门最大流量						
测次	1	2	3	4	5	6
原水样电导率/(μs/cm)						
淡水出口电导率/(μs/cm)						
浓水出口电导率/(μs/cm)						
除盐效率/%						
电流/mA						
电压/V						

【思考题】

（1）利用含盐量与水的电导率计算图，以水的电导率换算含盐量，其准确性如何？

（2）电渗析除盐与离子交换法除盐各有何优点？适应性如何？

8.6　市政污泥浸出毒性测定实验

【实验目的】

（1）了解市政污泥脱水泥饼处理工艺及浸出毒性的实验方法。

（2）掌握泥饼中重金属的固化机理。

【实验原理】

污泥中含有大量的重金属,包括生物毒性显著的 Cr、Cd、Pb、Hg 及类金属 As,以及具有毒性的重金属 Zn、Cu、Co、Ni、Sn、V 等。其中 Cr、Cd、Pb、Cu、Hg、As、Be、Ni、Tl 被列入"中国环境优先控制污染物黑名单"。它们会对人体和环境造成严重危害。表 8-4 列出了污泥中重金属的来源及危害。

表 8-4　污泥中几种重金属的来源及对人体的危害

种类	来源	对人体的危害
Cr	含铬矿石加工、重金属表面处理、皮革、印刷、耐火材料等	六价铬有强氧化作用,会引发慢性中毒 三价铬毒性小,但更易被吸收和蓄积
Cd	电镀、颜料、塑料、合金、电池业等	刺激呼吸道,损伤肾脏,能长期潜伏
Pb	蓄电池、冶金、机械、涂料、电镀等	"三致",积累性伤害,有机铅毒性更大
Zn	有色金属冶炼等	急性中毒为主,血压升高、气促、休克等
Cu	有色金属冶炼、能源、化工等	急性胃肠炎,发热、高烧,特别是硫酸铜
Ni	镍矿开采冶炼等	致癌,致敏,羰基镍毒性特别大
Hg	工业汞原料、含汞农药等	急性为肾脏损伤,慢性为肺炎、呼吸衰竭
As	印刷合金、电镀废水等	心血管、神经、呼吸等多种急慢性损伤

城市污泥产量巨大,同时重金属在不同性质污泥中的成分、含量、形态分布不同,因此采用固化/稳定化方法处理污泥中的重金属是一种更为经济有效的方法。

固化(solidfication)是指添加固化剂于废弃物中,使其变为不可流动性或形成固体的过程,而不管废弃物与固化剂间是否产生化学结合。稳定化(stabilization)是指将有害污染物转变成低溶解性、低毒性及低移动性的物质,以减少有害物潜力的技术。实际工程中经常将重金属的固化/稳定化(简称为 S/S)结合起来使用。

目前常见的污泥固化技术主要包括:水泥固化、石灰固化、塑性材料固化、熔融固化、自胶结固化和大型包胶固化等。常见的污泥稳定化技术主要包括:pH 控制、氧化/还原电势控制、沉淀等。

污泥中含有大量有机物,在填埋场厌氧环境下容易发生厌氧消化产生有机酸,加之酸雨等酸性介质的存在,容易造成污泥中重金属的溶出。因此,固化/稳定化作为一种重要的重金属处理方法,被广泛应用于污泥填埋的研究中。

采用脱水污泥及强度破坏实验后的固化体碎片来进行重金属的浸出特性实验。参照美国国家环境保护局(U.S.EPA)的标准毒性浸出方法(TCLP),对固化体开展翻转振荡的标准浸出测试,以醋酸溶液为浸提剂,模拟污泥固化体在进入填埋场后,其中的重金属在填埋场渗滤液的影响下从污泥固化体中浸出的过程。

自然养护是模拟污泥泥饼成型的固化试块在填埋场的自然条件下的长时间的固化效果。本实验中没有向脱水泥饼中额外添加水泥等固化剂,脱水过程中添加的石灰在自然养护过程中,在一定的温度和湿度下会发生类似水泥熟料的水化胶凝反应过程。一般反应速度较普通硅酸盐水泥的水化速度慢,这有利于污泥固化体后期强度的增长。由于石灰等发生水化胶凝反应时间较长,为了缩短自然养护的龄期以及消除长龄期养护中可能带来的实验偶然误差,本实验采用了蒸汽养护的方法加速固化体中水化胶凝反应过程,使 SiO_2,Al_2O_3,CaO 之间的一些可能需要 1 年以上的水化反应缩短为几个小时就可完成。

【仪器与试剂】

1. 原料及药品

(1) 脱水泥饼、蒸馏水。

(2) 冰醋酸:优级纯。

(3) 浸提剂:按照液固比为 20:1 计算出所需浸提剂(醋酸溶液,pH=2.88±0.05,配制方法为试剂水稀释 5.7 mL 冰醋酸至 1 L)的体积。

(4) 滤膜:微孔滤膜,孔径 0.45 μm。

2. 实验仪器

GJ 密封式振动粉碎机;压力机;成型模具;烘箱;立式压力蒸汽灭菌器;翻转式振荡仪;原子吸收光谱;提取瓶;压力过滤器;天平;振荡设备;筛。

【实验步骤】

1. 预处理

做浸出毒性实验之前,对其样品的制备尤为重要。其样品的制备程序如下:脱水泥饼放入 105 ℃烘箱,放置 24 h 以上,烘干后泥饼放入密封式振动粉碎机,破碎后的泥饼收集保存。取 300 g 样品,加入 60 g 水,混匀,放入模具中压成型,得到样品试块。

2. 毒性浸出

浸出毒性实验分为两部分,第一部分将样品试块破碎,置于 2 L 提取瓶中,按液固比为 20:1(L/kg)计算出所需浸提剂的体积,加入浸提剂,盖紧瓶盖后固定在翻转式振荡装置上,调节转速为(30±2) r/min,于(23±2) ℃下振荡(18±2) h。第二部分将样品试块放入立式压力蒸汽灭菌器,120 ℃蒸气养护 3 h,取出样品,其后处理方法同上。

将上述两部分样品在压力过滤器中,用 0.45 μm 滤膜过滤,滤液用原子吸收光谱仪分析。

【注意事项】

(1) 在振荡过程中有气体产生时,应定时在通风橱中打开提取瓶,释放过度的压力。

(2) 实验过程中在使用压力机时注意安全,必须在老师指导下熟练操作后才能进行实验。

【结果与讨论】

通过原子吸收分析单位质量样品浸出不同重金属的浓度,通过结果分析不同的固化方式对重金属固化的影响。

【思考题】

(1) 泥饼固化的优缺点有哪些?

(2) 不同养护方式对泥饼固化有什么影响?

8.7　电动力学技术修复重金属铅污染土壤实验

【实验目的】

(1) 学习电动力学技术修复重金属污染土壤的基本原理。

(2) 掌握模拟土壤的快速制备方法。

(3) 掌握水样中铅离子的滴定检测方法。

【实验原理】

电动力学修复技术(electrokinetic remediation)的基本原理是:将电极插入受污染土壤中,通过施加低压直流电形成电场,利用土壤孔隙中的水或者外加电解质溶液作为导电介质,使水溶性的和吸附在土壤颗粒表层的污染物,在电场产生的各种电动力学效应下,根据所带电荷的不同而向不同的电极方向运动,到达电极附近的污染物可以通过沉淀/共沉淀、电镀或者离子交换萃取等方法被去除,从而达到修复的目的(图 8-6)。

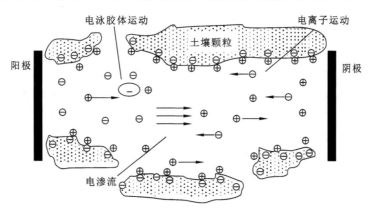

图 8-6　电动力学土壤修复示意图

电动力学修复技术,重金属污染物的定向迁移涉及以下几种方式:

1. 电渗析(electroosmosis)

根据土壤胶体的双电层理论(electric double layer),土壤胶体表面带负电荷,孔隙水紧靠土壤表面为一层补偿离子层,带正电荷,两者电荷数相等,符号相反,形成扩散双电层。扩散双电层使孔隙水在电场作用下向阴极方向移动,形成电渗流,使带正电的重金属离子随着孔隙水的移动向阴极迁移,从而得以去除。由于电渗流在土壤孔隙中产生的水流比较均匀,流动方向容易控制,且渗透率较水力渗透率大几个数量级,电渗作用在颗粒均匀、黏性强、土壤孔隙为微米级或更小的密实性土壤修复中起主导作用。

2. 电迁移(electromigration)

电迁移是指在电场力作用下,带电的重金属离子或复合粒子向与其所带电荷极性相反的电极移动的过程(阳离子向阴极迁移;阴离子向阳极迁移)。电迁移速度决定于土壤-水体系的导电情况,它的强弱与离子淌度、离子浓度、电场强度、离子电荷数、温度、土壤孔隙率和土壤孔扭曲系数等因素有关。

3. 电泳(electrophoresis)

电泳是指土壤中带电胶体粒子的迁移运动。土壤中胶体粒子包括细小土壤颗粒、腐殖质和微生物细胞等。运动的方向和大小取决于胶体电荷、电场和毛细孔隙的直径等因素。土壤中含重金属的胶体一般带负电荷,带电胶体粒子将向阳极移动,不利于重金属离子的富集,因而在污染土壤修复中电泳表现出的作用并不明显。

4. 扩散(diffusion)

扩散是指由于浓度梯度而导致的物质运动。在电动力学修复过程中,由于污染物在土壤中分布不均匀,土壤固/液相介质中存在一定程度的自由扩散,但扩散通量通常会比电迁移的物流通量小一个数量级以上,对土壤中重金属离子的迁移影响较小。

电动力学修复过程中,伴随着电极上水的电解反应,使得阴、阳极分别产生大量的 OH^- 和 H^+,使电极附近的 pH 值分别上升和下降。反应式如下:

阳极:　　　　　　　$2H_2O - 4e^- \longrightarrow O_2(g) + 4H^+$

阴极:　　　　　　　$2H_2O + 4e^- \longrightarrow H_2(g) + 2OH^-$

同时,在电迁移、电渗析和电泳等作用下,产生的 OH^- 和 H^+ 将向另一端电极移动,造成土壤酸碱性质的改变,直到两者相遇且中和,在相遇的地点产生 pH 突变。如果 pH 的突变发生在待处理土壤内部,则向阴极迁移的重金属离子会在土壤中沉淀下来,堵塞土壤孔隙而不利于迁移,从而严重影响其去除效率,这一现象称为聚焦效应(focusing effect)。以该区域为界线将整个治理区划分为酸性带和碱性带。在酸性带,重金属离子的溶解度大,有利于土壤中重金属离子的解吸,但同时低 pH 会使双电层的 ζ 电位降低,甚至改变符号,从而发生反渗流现象,导致去除带正电荷的污染物需要更高的电压和能耗,增加重金属离子迁移的单位耗电量,降低了电流的利用效率。

另外,由于重金属离子在土壤表面的强吸附性,及生成稳定难溶的化合物,使得重金属的电化学去除难以进行。因此,常常结合添加螯合剂、络合剂、增溶剂、氧化剂、表面活性剂等来增加重金属离子的溶解,从而提高电动力学技术的修复效率。

【仪器与试剂】

本实验通过设计电动力学修复技术处理重金属铜污染土壤,实验装置如图 8-7 所示。

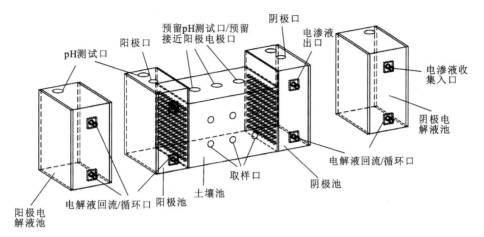

图 8-7　电动力学技术修复重金属污染土壤装置示意图

主要仪器及试剂如下。

(1) 直流稳压电源,IT6874A.0～150 A,1.2A/0～60 V,2 A。

(2) 真空泵及过滤装置。

(3) 硝酸铅,$Pb(NO_3)_2$(分析纯)。

(4) 柠檬酸,$C_6H_8O_7 \cdot H_2O$(分析纯)。

(5) 研钵(大)。

(6) pH 计。

(7) 乙二胺四乙酸,EDTA(分析纯)0.1 mol/L。

(8) 二甲酚橙 2 g/L。

(9) 六亚甲基四胺溶液 200 g/L。

(10) 浓硝酸,HNO_3(分析纯),摩尔浓度约 15 mol/L。

【实验步骤】

1. 待处理模拟污染土壤的制备

(1) 取校园内小山坡地表 15 cm 以下土壤,自然风干,去除小石子等杂物后,用研钵磨细,并过 100 目筛,保存备用。

(2) 取硝酸铅 1.500 0 g,加入 20 mL 水溶解。

(3) 将溶解后的硝酸铅溶液加入到经自然风干并过筛的 25.00 g 土壤样品中,充分搅拌使溶液均匀分散于土壤样品中;然后将模拟土样于烘箱中 105 ℃下干燥,去除其中水分。

(4) 用研钵将干燥后的模拟土样研细,加入 25.00 g 初始土样,充分研磨混合;加入 50.00 g 初始土样,研磨混合;再加入 100.00 g 初始土样,研磨混合;然后再加入 150.00 g 初始土样,研磨混合;然后再加入 150.00 g 初始土样,研磨混合。所得土样即为待处理模拟污染土壤,土壤总质量 500.00 g,含铅量 3 000 mg/kg。

2. 电动力学修复技术处理铅污染土壤

(1) 取 13.3 mL 浓硝酸缓慢搅拌加入含 200 mL 蒸馏水的烧杯中,然后定量转移至 1 L 的容量瓶中,用蒸馏水稀释至刻度,配制 0.2 mol/L 的 HNO_3 溶液,用作电动力学修复实验的电解液。

(2) 称取 2.100 0 g 柠檬酸($C_6H_8O_7 \cdot H_2O$)于 250 mL 烧杯中,加蒸馏水溶解后将溶液转移到 1 L 的容量瓶中,用水稀释至刻度,配制 0.1 mol/L 的柠檬酸,用作电动力学修复实验的重金属铅解吸液和阴极缓冲控制液。

(3) 于土壤池的阴阳极隔板处放置滤纸两层,将 500 g 模拟土样置于电解装置的土壤池中,于阳极侧缓慢加入 0.2 mol/L 的 HNO_3 溶液和 0.1 mol/L 的柠檬酸,直至土壤池中的待处理模拟污染土壤全部浸透,调节阴阳极池的液面高度。

(4) 以恒压直流电源 1.5 V/cm(15 V)的电压梯度施加于阴阳极之间,电解修复时间为 7 天,定期于阴极池加入阴极缓冲控制液(0.1 mol/L 的柠檬酸),并调节阴阳极池之间的液面高度,防止阴极池液面高于阳极池而出现倒流。

3. 重金属离子电动力学修复效果的分析和测定

污染土壤经过 7 天的电解修复后,检测其修复去除效果。

(1) 使用 pH 计测定阴极池和阳极池的 pH 值。

(2) 取 40 mL 浓硝酸缓慢搅拌加入含 60 mL 蒸馏水的 250 mL 烧杯中,配制 6 mol/L HNO_3 溶液。

(3) 向停止电解反应的阴极池滴加 6 mol/L HNO_3 溶液,边滴加边搅拌至 pH 值为 3 左右。

(4) 将阴、阳极液倒出,并过滤,以去除土壤中电解过程中因电泳作用而迁出的胶体内物质。

(5) 取 20.00 mL 阴极池溶液 3 份置于锥形瓶中,加 1~2 滴二甲酚橙指示剂,向溶液中滴加六亚甲基四胺至溶液呈现稳定的紫红色后,继续滴加六亚甲基四胺至溶液 pH 值为 5~6。用 0.01 mol/L 的 EDTA 标准溶液滴定,当溶液由紫红色变为黄色时即为终点。根据滴定结果,计算阴极池溶液中 Pb^{2+} 的含量(以 g/L 表示)和相对偏差。

(6) 取 20.00 mL 阳极池溶液 3 份于锥形瓶中,加 1~2 滴二甲酚橙指示剂,向溶液中滴加六亚甲基四胺至溶液呈现稳定的紫红色后,继续滴加六亚甲基四胺至溶液 pH 值为 5~6。用 0.01 mol/L 的 EDTA 标准溶液滴定,当溶液由紫红色变为黄色时即为终点。根据滴定结果,计算阴极池溶液中 Pb^{2+} 的含量(以 g/L 表示)和相对偏差。

【注意事项】

(1) 电解过程中及时观察阴、阳极液面,避免阴极池液面高于阳极池液面而出现电解液倒流,影响实验去除率。

(2) 停止电解反应后加入 HNO_3 的过程应及时搅拌,并保证 pH 值达到 3 左右,保证电迁移的沉积铅充分溶解。

(3) 滴定分析之前,应将电解产生的胶质予以过滤去除,否则胶质的颜色会影响滴定终点的观察。

【数据处理】

实验数据记于表 8-5 中。

表 8-5　阴、阳极池 Pb^{2+} 含量分析

	1	2	3
阴极池 pH 值			
阴极池溶液体积/L			
阴极池液体取液体积 $V_阴$/mL	20.00	20.00	20.00
EDTA 标准溶液滴定体积 V_{Y1}/mL			
阴极池铅离子浓度 ρ_{Pb1}/(mg/L)			
阴极池铅离子平均浓度 $\overline{\rho_{Pb1}}$/(mg/L)			
相对偏差$_1$/%			
阴极池含量 m_{Pb1}/mg			
阳极池 pH			
阳极池溶液体积/L			
阳极池液体取液体积 $V_阳$/mL	20.00	20.00	20.00
EDTA 标准溶液滴定体积 V_{Y2}/mL			
阳极池铅离子浓度 ρ_{Pb2}/(mg/L)			
阳极池铅离子平均浓度 $\overline{\rho_{Pb2}}$/(mg/L)			
相对偏差$_2$/%			
阳极池含量 m_{Pb2}/mg			

由阴、阳极池中 Pb^{2+} 的含量和阴、阳极池液体体积计算溶液中 Pb^{2+} 的总含量,并计算土壤中 Pb^{2+} 的去除率。

相关计算数据及公式如下:

$$M_{Pb}=207.20(g/mol)$$

$$M^{n+}+Y\longrightarrow MY \quad n_M=n_Y \quad C_M\times V_M=C_Y\times V_Y \tag{8-9}$$

$$\rho_{Pb}=\frac{C_y V_y M_{Pb}}{V}(g/L) \tag{8-10}$$

$$去除率=\frac{m_{Pb_1}+m_{Pb_2}}{1\,500}\times100\% \tag{8-11}$$

【思考题】

(1) 阴、阳极的 pH 值分别有什么变化? 土壤中的 pH 分布应该是怎样的? 这些现象是如何造成的?

(2) 如何缓解"聚焦效应"引起的电解效率下降的问题?

(3) 为什么不用 $NaOH$、CH_3COONa 或 $NH_3\cdot H_2O$,而用六亚甲基四胺调节 pH 值至 5~6?

第9章 环境工程设计实验

9.1 有机污染物初级生物降解度测定实验

【实验目的】

生物降解既是去除环境中的有机污染物的主要方式,又是实现生态环境良性循环的重要保证,而有机污染物的生物降解性更是它能否被环境接受的重要特征。因此,本实验的主要目的是对有机污染物的生物降解度进行测定,了解其生物降解难易程度。

【实验背景】

有机污染物与生态环境的关系摆在人们面前的突出问题是其生物降解性能。本实验借鉴 ISO 7827—1984 有机污染物好氧生物降解度实验方法,对有机污染物的初级生物降解度(PBD)进行测定,以了解其生物降解难易程度,了解哪些污染物是容易生物降解,哪些有机污染物是难以生物降解的,这对含有这些有机污染物废水的有效治理具有重要的意义。

下面以丁基黄原酸钾为例,简述其初级生物降解度(PBD)的测定过程。

【仪器与试剂】

(1) 试剂:丁基黄原酸钾、氯化铵、磷酸氢二钾、硫酸镁、氯化钾、硫酸亚铁、酵母浸膏。

(2) 仪器:紫外分光光度计、恒温振荡器、干燥箱、酸度计、分析天平、高速离心机、250 mL锥形瓶、容量瓶(100、250、1000 mL 各 2 个)、250 mL 量筒。

【实验步骤】

1. 接种物的准备

接种物活性污泥取自某污水处理厂,使用之前曝气 5 h,加入适量 $NaHCO_3$ 保持 pH值为 7.0~7.5。

2. 活性污泥浓度(MLSS)的测定

量取搅拌均匀的活性污泥悬液 100 mL,经 30 min 沉降后将上层溶液倾去,沉淀物通过已知质量的快速滤纸过滤后置 105 ℃烘箱中干燥 2 h,冷却后称量至恒重,通过计算得到活性污泥悬浮物质量浓度(g/L)。

3. 培养基

用于实验的培养基溶液组成:水 1 L、氯化铵 3.0 g、磷酸氢二钾 1.0 g、硫酸镁 0.25 g、氯化钾 0.25 g、硫酸亚铁 0.002 g、酵母浸膏 0.3 g。

4. 标准曲线的绘制

配置 1 g/L 的丁基黄原酸钾标准溶液,分别取 0 mL、0.1 mL、0.2 mL、0.3 mL、0.4 mL、0.5 mL 移入 50 mL 容量瓶中,分别加水稀释至刻度线。然后用紫外分光光度计在 301 nm 处分别测其吸光度,根据吸光度与浓度的关系可得到丁基黄原酸钾的标准曲线。

5. PBD 的测定方法

1) 培养实验

量取 125 mL 培养基于 250 mL 锥形瓶中,加入 1 g/L 丁基黄原酸钾试液 3.75 mL,再加入一定量 15 g/L 活性污泥溶液,使其活性污泥的最终浓度为 150 mg/L,摇匀后加盖棉塞置于 28 ℃,130 r/min 恒温摇床中振荡培养 72 h。

2) 驯化实验

量取 125 mL 培养基于 250 mL 锥形瓶中,加入 1 g/L 丁基黄原酸钾试液 3.75 mL,再加入 1.25 mL 相应的培养液,以相同条件置摇床中振荡培养 72 h。

3) 降解实验

量取 125 mL 培养基于 250 mL 锥形瓶中,加入 1 g/L 测试液 3.75 mL(初始质量浓度约为 30 mg/L),加入 1.25 mL 相应的驯化液,置摇床中进行 8 天的振荡培养。振荡培养 30 min 时,移取一定量试液,在 4500 r/min 的条件下离心分离 15 min,用紫外分光光度法测定上清液中丁基黄原酸钾的浓度,根据标准曲线计算得到降解零时的质量浓度(mg/L)。降解液在规定条件振荡,根据实验要求,在相应时间取样测定丁基黄原酸钾含量计算其 PBD(以第 8 天降解度报出)。做 3 次平行实验,其结果取 3 次实验的平均值。

另取相同量的上述培养基溶液,不加待测物质(培养、驯化、降解等其他条件完全相同),做空白对照实验。

4) PBD 的计算公式

丁基黄原酸钾捕收剂的生物降解度由培养开始和第 8 天与空白实验培养瓶溶液的分析值之差,求出相应期间的丁基黄原酸钾捕收剂的浓度,按下式计算出 PBD,其最终结果以第 8 天生物降解度的值报出,所得结果应至少保留一位小数,其结果平均值表示。

$$PBD = [(S_0 - B_0) - (S_x - B_x)]/(S_0 - B_0) \tag{9-1}$$

式中:PBD 为 x 天后的初级生物降解度,%;S_0 为实验开始时实验培养瓶中丁基黄原酸钾的浓度,mg/L;B_0 为空白实验值,mg/L;S_x 为 x 天后的实验培养瓶中丁基黄原酸钾的浓度,mg/L;B_x 为 x 天后的空白实验值,mg/L。

【注意事项】

配置培养基时,酵母浸膏在使用前加入,如果已加入酵母浸膏的培养基溶液存放超过 8 h,则要进行高压蒸汽灭菌处理(于 0.11～0.13 MPa,122～125 ℃,灭菌 20 min)。

【结果与讨论】

根据所得的实验结果,分析丁基黄原酸钾的生物降解难易程度,并讨论丁基黄原酸钾浮选废水可否用生物方法进行处理。

【思考题】

（1）有机污染物的生物降解度的测定还有那些方法？

（2）活性污泥为什么在使用之前曝气 5 h？

9.2　生物质制备碳吸附材料实验

【实验目的】

（1）通过实验了解生物质碳的吸附工艺及性能，并熟悉整个实验过程的操作。

（2）了解生物质碳的制备。

（3）掌握用"间歇"法确定生物质碳处理污水的设计参数的方法。

【实验背景】

　　生物质碳材料是生物有机材料（生物质）在缺氧或绝氧环境中，经高温热裂解后生成的固态产物。既可作为高品质能源、土壤改良剂，也可作为还原剂、肥料缓释载体及二氧化碳封存剂等，已广泛应用于固碳减排、水源净化、重金属吸附和土壤改良等，可在一定程度上为气候变化、环境污染和土壤功能退化等全球关切的热点问题提供解决方案。热解得到的生物质活性炭拥有高比表面积，丰富发达的孔道。可作为吸附剂用来处理某些工业废水，在某些特殊情况下也用于给水处理。

　　生物质活性炭的固体表面对水中一种或多种物质有吸附作用，从而达到净化水质的目的。其吸附作用产生于两个方面，一个是物理吸附，指的是生物质活性炭表面的分子受到不平衡的力，而使其他分子吸附于其表面上；另一个是化学吸附，指的是生物质活性炭与被吸附物质之间的化学作用。生物质活性炭的吸附是上述两种吸附综合作用的结果。当生物质活性炭在溶液中的吸附和脱附处于动态平衡状态时称为吸附平衡，此时，被吸附物质在溶液中的浓度和在生物质活性炭表面的浓度均不再变化，而此时被吸附物质在溶液中的浓度称为平衡浓度，生物质活性炭的吸附能力以吸附量 q 表示，即

$$q=V(C_0-C)/M \tag{9-2}$$

式中：q 为生物质活性炭吸附量，即单位质量的吸附剂所吸附的物质量，mg/g；V 为污水体积，L；C_0、C 分别为吸附前原水及吸附平衡时污水中的物质的质量浓度，mg/L；M 为生物质活性炭投加量，g。

　　在温度一定的条件下，生物质活性炭的吸附量 q 与吸附平衡时的质量浓度 C 之间关系曲线称为吸附等温线。在水处理工艺中，通常用弗罗因德利希（Freundlich）吸附等温线来表示生物质活性炭吸附性能。其数学表示式为

$$q=K \cdot C^{1/n} \tag{9-3}$$

式中：K 为与吸附比表面积，温度有关的系数；n 为与温度有关的常数；q 为生物质活性炭吸附量，mg/g；C 为吸附平衡时的物质浓度，mg/L。

　　K，n 求法是通过间歇式生物质活性炭吸附实验测得 q，c 相应之值，将式（9-3）取对数后变换为下式

$$\lg q = \lg K + \lg C / n \tag{9-4}$$

以 $\lg q$ 为纵坐标，$\lg C$ 为横坐标作图，所得直线斜率为 $1/n$，截距为 $\lg K$。

【实验装置及仪器】

(1) 气浴恒温振荡器。

(2) 粉末生物质活性炭。

(3) 三角烧杯(500 mL，6 个)。

(4) 分光光度计。

(5) 抽滤装置 1 套。

(6) pH 计(1 台)。

(7) 10 mL 容量瓶 5 只。

(8) 滤膜。

(9) 水热反应釜 规格 200 mL。

(10) 电热鼓风干燥箱 101 型。

(11) 管式炉 GSL-1100X。

(12) 万分之一电子天平。

【实验步骤】

1. 生物质活性炭制备

(1) 实验生物质材料选择。开始前应由学生选择适当的生物质材料进行实验，如水葫芦、稻谷壳、玉米秸等，选择完毕后方可开始实验。

(2) 生物质材料预处理。将购置、采摘回来的生物质材料使用自来水进行洗涤。将其表面的泥沙灰分清洗完毕后放置于烘箱中烘干。烘干后取出放入粉碎机内将其打碎。打成粉末状的生物质材料放入样品袋中避光干燥储存。

(3) 碳化。将烘干后的生物质放入管式炉中在惰性气氛下碳化。碳化前后质量称量后，计算反应生物质碳产率，填入表 9-1。将碳化后的生物质放入玛瑙研钵进行研磨，研磨后装入样品袋中进行避光保存。

2. 亚甲基蓝(MB)校准曲线的测定

(1) 配制浓度为 10 mg/L 的 MB 标准溶液。

(2) 分别取 0 mL、1 mL、2 mL、3 mL、4 mL、5 mL MB 标准溶液用去离子水稀释至 10 mL，于 665 nm 处测吸光度。

3. 生物质活性炭吸附实验

(1) 将生物质活性炭放在蒸馏水中洗涤，然后在 105 ℃烘箱内烘 24 h，再将烘干的生物质活性炭研碎成能通过 270 目筛子(0.053 mm 孔眼)的粉状炭。

(2) 以染料废水为研究对象，测定预先配制的染料废水浓度(分光光度法)。

(3) 在五个三角烧杯中分别放入 50 mg、100 mg、200 mg、350 mg、500 mg 粉状生物质活性炭。

（4）在每个烧杯中分别加入同体积（200 mL）的废水进行搅拌。

（5）测定水温及 pH 值。将上述五个三角烧杯放在振荡器上振荡，当达到吸附平衡时即可停止振荡（振荡时间为 1 h）。

（6）取各三角烧杯中废水过滤分离，并测定上清液吸光度，计算浓度。

【实验数据及结果整理】

1. 反应生物质碳化产率的数据记录

表 9-1　碳化产率表

实验组	碳化前质量/g	碳化后质量/g	碳化产率/%
A 组			
B 组			

2. 亚甲基蓝（MB）校准曲线

（1）将实验结果填入表 9-2。

表 9-2　MB 校准曲线实验结果

编号	MB 标准溶液浓度 /(mg/L)	MB 标准溶液用量 /mL	稀释后体积 /mL	MB 浓度 /(mg/L)	吸光度
1	—	0	—	0	0
2					
3					
4					
5					
6					

（2）以吸光度为横坐标，浓度为纵坐标作图，得到亚甲基蓝（MB）校准曲线。

（3）写出亚甲基蓝（MB）的校准方程

$$y = aX + b \tag{9-5}$$

式中：y 为 MB 浓度，mg/L；X 为吸光度。

3. 间歇式吸附实验

（1）把各三角烧杯中过滤后水测定结果填入表 9-3 中。

（2）以平衡浓度 C 为横坐标，吸附量 q 为纵坐标，作等温吸附曲线。

（3）以 $\lg q$ 为纵坐标，$\lg C_e$ 为横坐标作弗罗因德利希吸附等温线性图，该线的截距为 $\lg K$，斜率为 $1/n$，将结果填入表 9-4。

（4）求出 K，n 值代入弗罗因德利希吸附等温线。

表 9-3 生物质活性炭吸附实验记录

编号	1	2	3	4	5	6
原液浓度/(mg/L)	—					
原液体积/mL	—					
生物质活性炭投加量/g	0					
平衡溶液吸光度	0					
平衡溶液浓度 C/(mg/L)	0					
吸附量/(mg/g)	0					

表 9-4 实验结果

吸附条件	温度	
	pH	
结果	K	
	$1/n$	
	$q = K \cdot C^{1/n}$	
	标准误差 R^2	

【注意事项】

吸附实验用染料废水的浓度设置要合理。

【思考题】

(1) 吸附等温线有什么现实意义?

(2) 影响吸附量的因素有哪些?

(3) 吸附机理有哪几种?

9.3 生物质制备碳电化学材料实验

【实验目的】

(1) 了解生物质碳制备基本流程。

(2) 掌握生物炭电极的制作过程。

(3) 熟悉电化学工作站基本操作过程。

【实验背景】

生物质材料种类繁多,来源途径多样。例如废弃农作物生物质和外来入侵物种生物质,就可以为生物质碳材料的制备提供丰富的原材料。生物质碳基本处理流程见图 9-1。

计时电位分析法又称恒电流充放电法(又称计时电势法),是研究材料电化学性能中非常重要的方法之一。它的基本工作原理是:在恒流条件下对被测电极进行充放电操作,记录其电位随时间的变化规律,进而研究电极的充放电性能,计算其实际的比容量。在恒

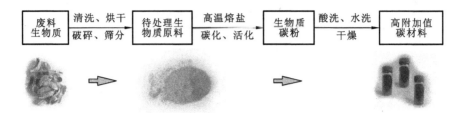

图 9-1　生物质碳基本处理流程示意图

流条件下的充放电实验过程中,控制电流的电化学响应信号,当施加电流的控制信号,电位为测量的响应信号,主要研究电位随时间变化的规律,其作图形式如图 9-2。

比电容由公式可计算得

$$C = \frac{Q}{U} = \frac{It}{amU} \tag{9-6}$$

式中:I 为设定电流,A;t 为扫描后半圈所需时间,s;a 为活性物质所占质量百分比,%;U 为设置两级电位,V。

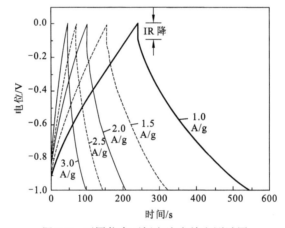

图 9-2　不同倍率下恒电流充放电测试图

【实验仪器】

(1) 粉碎机。

(2) 水热反应釜 规格 200 mL。

(3) 电热鼓风干燥箱 101 型。

(4) 管式炉 GSL-1100X。

(5) 万分之一电子天平。

(6) 擀膜机。

(7) 上海辰华电化学工作站 CHI660E。

【实验步骤】

1. 生物质制备碳吸附材料

具体实验步骤见实验 9.2,记录数据填入表 9-5。

2. 电极的制作

取少量生物质碳放入取样瓶中,按照固定比例分别加入生物质碳、导电剂、黏结剂。加入少量酒精,其量应能刚好没过所有固体颗粒物质。磁力搅拌至各组分完全均匀分散于酒精中。将加入的各物质质量记录于表 9-6 中。使用擀膜机将其擀成 1 cm×1 cm 大小的正方形碳片,碳片质量应尽可能小。最终将其压至集电体上。每组应擀膜 1 片并记录质量于表 9-6 中。将制作完成的电极放入真空干燥箱中烘干 12 h。使其内部酒精挥发完毕后放入电解液中浸泡 12 h。

3. 电化学测试

搭建三电极体系,工作电极为预先制作好的生物质碳电极,安装好对电极和参比电极后,在烧杯中加入电解液。搭建完毕后,使用导线将其和电化学工作站进行连接,并开始进行计时电位法电化学测试。测试条件见表 9-7。进行电化学测试后,测试完毕后数据应进行保存并自行拷贝作图。根据作图结果计算其电容值。

【注意事项】

(1) 水热反应和管式炉碳化过程应在老师的监督下进行。

(2) 切记反应釜在未冷却至室温时禁止打开,以免发生爆炸。

【数据处理】

表 9-5　碳化产率表

实验组	碳化前质量/g	碳化后质量/g	碳化产率/%
A 组			
B 组			

表 9-6　电极制作过程的数据记录

碳材料质量/g	导电剂质量/g	黏结剂质量/g	搅拌时间/h	碳片质量/mg

根据表 9-7 电化学测试条件测试的数据从工作站中拷贝出来使用 Excel 进行编辑。做出计时电位法(CP)图。并根据 CP 图计算出生物质炭在不同倍率下的电容值。

表 9-7　电化学测试条件

测试倍率 /(A/g)	阴阳极电流 (倍率×质量)/A	测试电位范围 /V	扫描圈数 (从阳极开始扫)	比电容 /(F/g)
1				
2		−0.4～0.6	4	
3				

9.4 城市生活污水处理厂模型搭建实验

【实验目的】

(1) 掌握 3D 建模技术。

(2) 熟悉城市生活污水处理流程。

(3) 熟悉城市生活污水处理厂常用设备和厂房布局。

【实验背景】

1. 城市污水

城市污水主要来自于家庭、学校、商业等一系列城市公共场所、公共设施。城市污水主要以淀粉、蛋白质、糖类、矿物油等生活垃圾居多,其中 BOD、COD、TN 和 TP 等含量也较高。

2. 城市污水的处理

城市生活污水处理工艺分三级:污水→以化学混凝为主的一级处理技术→以生物化学法为主的二级处理技术→以物理过滤为主的三级(深度)处理技术(图 9-3)。通过格栅、沉砂池和沉淀池等物理方法可以除去废水中可沉淀杂质,从而达到一级处理。但处理后废水中还存在较多可溶性有机污染物,一般采用活性污泥法或生物膜等进行二级处理。三级处理技术是对一、二级处理过程中产生的沉淀物的处理,包括筛网法、离心分离、浮上小颗粒法等。

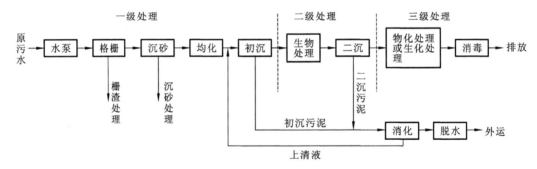

图 9-3 城市生活污水处理流程示意图

3. 3D 打印技术

3D 打印技术专业名称为快速成型技术。其基本原理就是"分层制造,逐层打印"(图 9-4)。它是以数字模型文件(STL 文件)为基础,通过电脑辅助设计(CAD)完成一系列数字切片,并将这些切片信息传送到 3D 打印机上,运用一些金属、蜡、塑料等可黏合材料,采用分层加工、叠加成形,即通过逐层增加材料来生成 3D 实体。

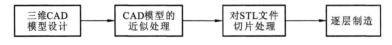

图 9-4 3D 打印原理示意图

　　3D 打印机的种类繁多,主要依据成形技术可分为立体光固化成型法、选择性激光烧结法、分层实体制造法、熔积成形法等。

【仪器与试剂】

　　(1) 电脑,常用 CAD 软件(Sketchup、SolidWorks、AutoCAD 等)。

　　(2) 3D 打印机及打印耗材。

　　(3) 微型自吸泵若干。

　　(4) 超细毛细铜管若干。

　　(5) 硅胶管若干。

　　(6) 螺旋桨若干。

　　(7) 泡沫板或木板。

　　(8) 强力胶。

【实验步骤】

　　(1) 收集资料。

　　(2) 对污水处理厂进行布局,绘制平面图。

　　(3) 观察各设备多角度照片。

　　(4) 通过 3D 设计软件建模,学生按照表 9-8 进行分组。

表 9-8　设备绘制分组情况

分组	需绘制设备
一级处理	粗格栅
	细格栅
	混合池
	初沉池
二级处理	曝气池
	终沉池
	污泥收集器
三级处理	消化器
	污泥脱水设备
	消毒池
	过滤装置

　　(5) 通过电脑和 3D 打印机连接,选择相应耗材,3D 打印机接受指令开始打印。

　　(6) 城市生活污水处理厂模型搭建,在泡沫板或木板上进行模型搭建。将 3D 模型按污水处理流程连接(通过微型自吸泵、毛细铜管及硅胶管等)。在进口处通水,以水能顺利到达排放口为模型搭建成功标准。

【结果展示】

(1) 打印设备图及平面图。

(2) 模型展示,录制 5 min 模型讲解视频。

【思考题】

(1) 谈谈 3D 打印技术在环境工程领域的应用。

(2) 谈谈你对"工程"的理解。

9.5　城市污水处理系统工艺设计及工艺参数控制实验

【实验目的】

(1) 根据污水的水质特点,选择合适的处理工艺。

(2) 掌握在线监测仪表及自动化控制程序在污水处理系统中的应用。

【实验系统】

1. 系统结构和组成

水环境监测与治理技术实验/开发平台主要由控制系统、供水系统和污水处理系统三部分组成(图 9-5)。

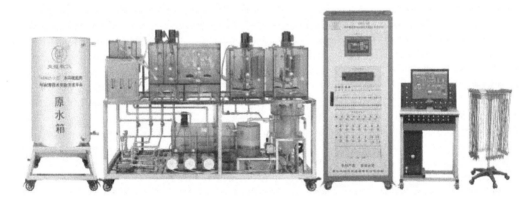

图 9-5　系统结构图

(1) 控制系统主要由电气控制柜、漏电保护器、触摸屏、旋钮开关、工作状态指示灯、可编程控制器(PLC)、继电器、组态监控软件等组成。

(2) 供水系统主要由不锈钢原水箱、不锈钢支架、水箱液位管和球阀等组成。

(3) 污水处理系统装置对象平台整体采用不锈钢框架进行设计,主要动力系统器件安装在钢架底座上,主要有机玻璃水处理构筑物合理地布置安装在不锈钢钢架的上下层。包括:①动力系统主要由水泵、蠕动泵、风机、电磁阀、搅拌机等组成;②反应器系统主要由格栅调节池、沉砂池、斜板沉淀池、A^2/O 生物反应器、膜生物反应器(MBR)、SBR 池、二沉池、砂滤柱、活性炭吸附柱、加药池等组成；③曝气系统主要由风机、曝气头、曝气盘、搅拌机、流量计和管道等组成；④在线监测系统主要由 DO 在线仪、pH 在线仪、浮球液位开关等组成。

2. 系统配置

实验对象见表 9-9，电气控制柜基本配置见表 9-10。

表 9-9　实验对象

序号	器材名称	器材、规格说明	数量	单位	备注
1	不锈钢钢架	尺寸：221 cm×80 cm×140 cm；材料：50 mm×50 mm 不锈钢管材；功能：对反应器的固定和摆放	1	套	
2	不锈钢原水箱	尺寸：ϕ75 cm×118 cm；材料：2 mm 不锈钢板，底座采用不锈钢管材；功能：带有液位指示功能，提供实验水源	1	个	
3	A^2/O 生物反应器	尺寸：78 cm×40 cm×58 cm；材料：10mm 有机玻璃板；功能：主要由厌氧池、缺氧池、好氧池组成，按照 1：1：3 比例进行设计	1	台	
4	MBR 膜生物反应器	尺寸：46.5 cm×40 cm×43 cm；材料：10 mm 有机玻璃板；功能：完成污水处理中对污水的处理	1	套	
5	SBR 池	尺寸：43 cm×37 cm×52 cm；材料：10 mm 有机玻璃板；功能：完成污水处理中对污水的搅拌、曝气、静置沉淀、滗水过程	2	台	
6	格栅调节池	尺寸：74 cm×26 cm×39 cm；材料：10 mm 有机玻璃板；功能：格栅主要是去除污水处理中较大的悬浮物，调节池主要调节污水水质，使出水水质比较均匀	1	台	
7	沉砂池	尺寸：60 cm×35 cm×34 cm(含斜板部件)；材料：10 mm 有机玻璃板；功能：系统采用的是平流式结构,主要是分离污水中相对密度较大的无机颗粒	1	台	
8	砂滤柱	尺寸：ϕ25 cm×30 cm；材料：6 mm 有机玻璃圆筒；功能：截留污水中的悬浮物和胶体	1	台	
9	二沉池	尺寸：ϕ25 cm×52 cm；材料：6 mm 有机玻璃圆筒,功能：系统采用的是竖流式结构,主要是分离污水中相对密度较大的无机颗粒	1	台	
10	加药池	尺寸：26 cm×26 cm×30 cm；材料：10 mm 有机玻璃板；功能：主要是对污水处理过程中一些药剂的配置	1	台	

序号	器材名称	器材、规格说明	数量	单位	备注
11	磁力驱动泵	单相 AC220 V;功率:90 W;扬程:8m;流量:8 L/min;功能:对污水的提升,污泥的回流	3	个	
12	电磁隔膜计量泵	单相 AC220 V;功率:16 W;扬程:2 m;流量:15 L/h;功能:对药水的添加和计量	2	个	
13	电磁隔膜计量泵	单相 AC220 V;流量:3 L/min;功能:对 MBR 膜进行抽吸	1	个	
14	搅拌系统	单相 AC220 V;功率:25 W/40 W;功能:对污水、药剂的搅拌均匀,搅拌曝气	6	套	
15	曝气头	微孔曝气头;φ8 cm,功能:把风机的气均匀地释放到污水中	10	只	
16	风机	AC220 V;功率:185 W	3	台	
17	滗水器	空气堰式,尺寸:φ16 cm×25 cm;材料:2 mm不锈钢;功能:作为 SBR 系统的关水和排水,以及对浮渣、污泥的截留	2	只	
18	DO 传感器	0~20 mg/L,6 分外螺纹接口;功能:对调节池、好氧池、SBR 池等中溶解氧的含量实时在线监测	4	个	
19	pH 传感器	0~14,6 分外螺纹接口;功能:对调节池中 pH 值实时在线监测	1	个	
20	气体流量计	0.6~6 L/min;功能:计量风机的进气流量,控制反应器中溶解氧含量	3	只	
21	液体流量计	1~7 L/min;功能:计量水流的进水流量	3	只	
22	浮球液位开关	24 V 输入;功能:对反应器中水位、水泵以及电磁阀的控制,主要是防止反应器中污水溢出	7	套	
23	组合填料膜组件	φ15 cm 纤维填料;功能:既能挂膜,又能有效切割气泡,提高氧的转移速率和利用率 平板膜;功能:高效的固液分离能力使出水水质良好,悬浮物和浊度接近于零	1	套	

表 9-10　电气控制柜基本配置

序号	器材名称	器材、规格说明	数量	单位	备注
1	电气控制柜	尺寸:70 cm×60 cm×180 cm;材料:钢板静电喷塑工艺;功能:实现与对象连接和控制,以及与电脑连接的编程功能	1	个	
2	PLC 控制器	CPU224 继电器主机(14I/10O)	1	个	西门子
3	EM222 模块	8 点继电器输出	1	个	西门子

续表

序号	器材名称	器材、规格说明	数量	单位	备注
4	EM231 模块	8 入模拟量模块	1	个	西门子
5	EM232 模块	4 出模拟量模块	1	个	西门子
6	彩色触摸屏	10 英寸	1	台	
7	低压电气	小继电器	1	套	
8	空气开关	带漏电保护器	1	个	
9	保险丝	熔断器	1	个	
10	交流接触器	220 V	1	个	
11	操作开关	2 位	2	个	
12	开关电源	输出：DC24 V	1	个	
13	DO 仪	单相 AC220 V 输入，输出信号：4～20 mA	4	只	
14	pH 仪	单相 AC220V 输入，输出信号：4～20 mA	1	只	
15	欧式导线架	用于悬挂和放置实验专用连接导线，外形尺寸为 530 mm×430 mm×1 200 mm，设有 5 个万向轮	1	个	

【实验任务】

以污水处理为应用对象，基于制定的实验技术开发平台的软硬件配置，自行设计一套完整的污水处理系统。要求所选的待处理污水具有良好的可生化性。通过合理设计工艺流程，并完成相应污水处理系统的安装、调试，调节优化运行参数，使出水达标排放。

【仪器设备】

（1）THEMJZ-3 型水环境监测与治理技术实验/开发平台。

（2）多参数水质快速测定仪（含配套试剂）。

（3）WGZ-2000 型浊度计。

（4）PHS-3C 型 pH 计。

【实验步骤】

（1）通过对模拟污水或实际污水的水质参数的分析，综合考虑实验技术平台的软硬件资源的配置，选用合理的污水处理工艺。

（2）根据确定的处理工艺，选用处理单元及动力设备，完成管道、仪表的连接。

（3）根据接线图，完成控制柜内相应控制系统的接线，并上电，用万用表检查直流、交流电是否供电正常，并做好检查记录。

（4）完成在线监测仪表的安装、上下限报警值的设定及校正，并做好数据记录。

（5）下载匹配的控制程序及触摸屏软件。

（6）点动检查各动力设备是否有响应，是否能正常工作。

（7）手动调试污水处理系统，调节各运行参数，使出水水质能满足排放要求。

【系统调试及运行情况记录】

1. 工艺流程图及所选工艺描述

2. 上电检查记录

表 9-11　上电检测记录单

序号	项目	实测数据
1	交流 220 V 检测	
2	直流 24 V 检测	

3. 在线监测仪表标定记录

表 9-12　pH 仪、DO 仪标定记录表

仪表名称	零点标定值	斜率标定值
pH 仪		
DO 仪		

4. 系统运行操作

（1）检查系统管路连接，接线及各电器元件状态。

（2）将控制柜电源插入电源单相三线，带接地线、电流 10A 以上的插座。

（3）打开计算机和控制柜上的空气开关。①用 PC/PPI 电缆将 S7-200CPU224XP 主机连接到计算机的串口后，再打开控制面板上交直流电源二位旋钮，操作 S7-200 编程软件（STEP 7-MicroWIN），将相应控制系统样例控制程序下载到主机上；②用 USB 线将 TPC1062KS 触摸屏连接到计算机的 USB 口上，打开触摸屏工程组态软件（MCGSE7.2），将样例触摸屏组态工程下载到触摸屏。断电后插上触摸屏与主机显示数据线并上电。

（4）将系统置为手动状态，在触摸屏调试界面窗口查看各限位输入信号及操作按下相关按钮，启动相应的设备后检查是否运行正确。并观察水泵，在工作状态下确保管路无漏水现象，确保搅拌电机搅拌方向正确。

（5）打开 MCGS 组态软件，运行组态工程，进入主界面，按下相应按钮切换到相关监控界面进行监控。

（6）系统启动后，可打开触摸屏数据监控系统界面看相应仪表的数据变化。

（7）系统启动后，调节各动力设备至设定参数。

（8）运行中,记录运行数据于表 9-13,根据出水水质指标适当调整加药泵、风机、搅拌器等参数,优化参数设置,使系统出水能够达标排放。

表 9-13　运行数据记录

序号	设备或仪表名称	运行情况及数据记录
1	提升泵	
2	风机	
3	在线 DO 仪	
4	在线 pH 仪	
5	调速搅拌机 1	
6	调速搅拌机 2	
7	加药泵	
8	出水隔膜计量泵	
9	出水水质	

【系统实施效果】

要求所设计的污水处理系统中的处理单元、动力系统、在线监测系统等均能正常运行,污水经系统处理后,各项污染指标显著降低,出水达到或优于《城镇污水处理厂污染物排放标准》(GB 18918—2002)的一级 B 标准(表 9-14)。

表 9-14　污水处理效果

项目	COD /(mg/L)	SS /(mg/L)	NH_3-N /(mg/L)	TP /(mg/L)	色度 /倍	pH	进水量 /(L/min)	备注
标准	60	20	8(15)	1.0	30	6～9		一级 B
进水								
出水								

【思考题】

（1）根据所选工艺写出流程图,论述所选工艺的理由和优势。

（2）该实验平台有什么需要改进的?

参 考 文 献

陈玲,2004.环境监测[M].北京:高等教育出版社.

陈玉璞,王惠民,2013.流体动力学[M].北京:清华大学出版社.

郭婷,2014.环境物理性污染控制实验教程[M].武汉:武汉大学出版社.

洪林,肖中新,2010.水质监测与评价[M].北京:中国水利水电出版社.

化工教研室,2015.化工原理实验指导书(内部教材)[Z].武汉:中南民族大学:29-37.

奚旦立,2011.环境监测实验[M].北京:高等教育出版社.

奚旦立,孙裕生,2010.环境监测(第四版)[M].北京:高等教育出版社.

羊勇,杨嘉,杨玉琦,2013.手机电磁辐射研究[J].大学物理,1(1):42-45.

杨晓亭,2007.工程流体力学[M].武汉:武汉大学出版社.

环境保护部,国家质量监督检验检疫总局,2008.声环境质量标准 GB 3096—2008[S].北京:中国标准出版社.

禹华谦,2009.工程流体力学(第二版)[M].北京:高等教育出版社.

中华人民共和国水利部,1995.二氧化硅(可溶性)的测定(硅钼蓝分光光度法)SL 91.2—1994[S].北京:中国标准出版社.

LIU X F, FECHLER N, ANTONIETTI M, 2013. Salt melt synthesis of ceramics, semiconductors and carbon nanostructures[J]. Chemical Society Reviews, 42(21):8237.

WANG Y, SONG Y, XIA Y, 2016. Electrochemical capacitors: mechanism, materials, systems, characterization and applications[J]. Chemical Society Reviews, 45(21):5925.

YIN H Y, LU B H, XU Y, et al, 2014. Harvesting capacitive carbon by carbonization of waste biomass in molten salts[J]. Environmental Science & Technology, 48(14):8101.